ABC das orquídeas

Dados Internacionais de Catalogação na Publicação (CIP)
(Jeane Passos de Souza - CRB 8ª/6189)

Le Page, Rosenn
ABC das orquídeas / Rosenn Le Page; tradução de Milene Chavez. -- São Paulo : Editora Senac São Paulo, 2016.

Título original: L'ABC des orchidées
Glossário.
ISBN 978-85-396-1082-2

1. Planta 2. Orquídea 3. Orquídea - Cultivo I. Título.

16-402s CDD - 635.9344

Índice para catálogo sistemático:
1. Orquídea 635.9344

Rosenn Le Page

ABC das orquídeas

Tradução: Milene Chavez

Editora Senac São Paulo – São Paulo – 2016

Gerente/Publisher: Luís Américo Tousi Botelho
Coordenação Editorial: Ricardo Diana
Prospecção: Dolores Crisci Manzano
Administrativo: Verônica Pirani de Oliveira
Comercial: Aldair Novais Pereira

Edição de Texto: Vanessa Rodrigues
Preparação de Texto: Karinna A. C. Taddeo
Revisão Técnica: Cristina M. Sekiya Takiguchi
Coordenação de Revisão de Texto: Marcelo Nardeli
Revisão de Texto: Gabriela L. Adami (coord.), Patrícia B. Almeida
Projeto Gráfico: Laurent Quellet e Sebastian Mendoza
Ilustrações: Michel Sinier
Coordenação de Arte: Antonio Carlos De Angelis
Editoração Eletrônica: Veridiana Freitas
Coordenação de E-books: Rodolfo Santana
Impressão e Acabamento: Gráfica Visão

Fotografias: MAP - F. Marre, p. 8; A. Descat: pp. 6, 10, 13, 15, 21, 26, 29, 38, 47, 48, 63, 65, 69, 76, 82, 89, 97, 99, 107, 112, 116, 123, 128, 135, 138, 145, 154, 163, 168, 171, 180, 189; A. Guerrier, p. 152; J. Lilly, p. 45; N. e P. Mioulane, pp. 27, 137; N. Pasquel, pp. 56, 115, 184. Rustica - p. 35; E. Brenckle, p. 158; F. Marre, pp. 100 e 130.

Publicado mediante acordo com Fleurus Éditions
Título original: *l'ABC des orchidées*

Editora Senac São Paulo
Av. Engenheiro Eusébio Stevaux, 823 - Prédio Editora
Jurubatuba - CEP 04696-000 - São Paulo - SP
Tel. (11) 2187-4450
editora@sp.senac.br
https://www.editorasenacsp.com.br

Sumário

Nota do editor **7**
Apresentação **9**
Introdução **11**
As orquídeas de A a Z **37**
Brássia 38
Catleia 47
Celogine 56
Cimbídio 65
Dendróbio 74
Dendróbio-falenópsis 82
Epidendro 91
Falenópsis 99
Fragmipédio 107
Lélia 115
Licaste 123
Ludísia 130
Miltônia 137
Odontoglosso 145
Oncídio 154
Pafiopédilo 163
Prosthechea 171
Vanda e híbridos 180
Zigopétalo 187
Tabela de variedades de orquídeas **194**
Glossário **204**
Índice de orquídeas **206**
Índice geral **208**

Nota do editor

Grande parte das orquídeas não vive com as raízes na terra, mas sim ligada a galhos de árvores ou a pedras. Elas não exigem grande adubação; o desafio maior é manter o ambiente adequado. As orquídeas gostam do ar circulando em torno de suas raízes, e estas são exigentes quanto à temperatura, à umidade e à luminosidade.

Foi levando em conta esse modo original de viver que os especialistas procuraram, depois dos primeiros sucessos na hibridação, criar variedades que prosperassem nos interiores domésticos, onde nem sempre é possível reproduzir as condições climáticas naturais. Mesmo assim, existem orquídeas mais e menos fáceis de lidar dentro de casas e apartamentos.

A autora deste livro classifica as variedades aqui apresentadas em três níveis, de acordo com a complexidade de cultivo: para os iniciantes (orquídeas que não demandam grandes diferenças entre a temperatura do dia e a da noite), para os amadores (orquídeas com exigências de temperaturas do dia e da noite) e para os amadores avançados (orquídeas que só prosperam em condições especiais, mediante um frescor noturno acentuado ou uma forte luminosidade em todas as estações do ano).

Didática e esclarecedora, esta publicação do Senac São Paulo contribui para o aprimoramento das atividades relacionadas à jardinagem e também atende ao público interessado em cuidar de modo profissional dessas plantas de beleza singular.

Apresentação

Ainda que, hoje em dia, as orquídeas tenham se democratizado amplamente, elas continuam cercadas de uma aura de prestígio. Admiradores e iniciantes mostram-se fascinados por seu modo de vida muito insólito, comparado com o da maioria das plantas de clima temperado. Quem já viajou pelos trópicos, especialmente pela Ásia, certamente guarda memórias maravilhosas dos cachos de flores coloridas e graciosas das orquídeas suspensas nos galhos das árvores.

O preço acessível de certas espécies – por exemplo, das falenópsis – e as promoções realizadas em festas e eventos não devem levar você a considerar essas flores extraordinárias como simples buquês, que são descartados depois da floração. Elas merecem algo muito melhor que isso, já que é bastante fácil fazê-las florir novamente, mesmo sem ter muita experiência.

Como a maioria das plantas de interiores, orquídeas são plantas tropicais, e um grande número delas se adapta muito bem ao cultivo em casa, precisando apenas de certos cuidados pouco maiores que os dispensados a uma planta verde clássica.

Ceda à tentação e deixe-se seduzir por sua beleza – as orquídeas estão longe de serem "divas" difíceis de agradar!

Introdução

Desde sua descoberta, a beleza maravilhosa das flores de orquídeas faz os amantes de flores suspirar. Elas se tornaram objeto de desejo de pessoas apaixonadas que não hesitam em despender fortunas para adquiri-las.

Com o tempo e aos poucos, pesquisas permitiram melhorar a reprodução de orquídeas e favoreceram o surgimento de numerosos híbridos. Os progressos técnicos foram tão grandes que as orquídeas se democratizaram consideravelmente. Hoje em dia, já não se hesita em comprar uma orquídea como presente para alguém ou para si.

Poucas plantas floridas preservam suas flores por tanto tempo: uma floração de orquídea dura no mínimo três semanas; a floração de oncídios, odontoglossos ou pafiopédilos chega a dois meses; e as falenópsis batem todos os recordes, com duração de quatro meses!

Não obstante sua aparente fragilidade, as orquídeas são plantas vigorosas. Não é nenhuma feitiçaria fazê-las durar muito tempo e reflorescer regularmente se você entende como elas funcionam e atenta-se a suas necessidades.

Um modo de vida original

A maioria das orquídeas cultivadas em espaços interiores é formada por plantas epífitas: não vivem com as raízes inseridas na terra, mas agarradas a galhos de árvores ou grudadas em pedras. Não tiram seus alimentos do solo, e sim do ar ou de alguns detritos em decomposição nas cavidades das pedras, ou então no vão dos galhos que lhes servem de suporte. Em outras palavras, não são *gourmandes*!
É por causa dessa maneira bastante original de viver que as orquídeas exigem pouco adubo e preferem que o ar circule em torno de suas raízes, mas estas são sensíveis à secura do ambiente, já que se desenvolvem ao ar livre. Há várias condições ambientais que, em casa, não podem ser reproduzidas com tanta facilidade. Por isso, os especialistas procuraram, depois dos primeiros sucessos na hibridação, criar variedades que aceitassem melhor a vida dentro de nossas residências: temperatura, luminosidade, umidade, etc. Segundo suas capacidades de adaptação, certas orquídeas são mais fáceis de serem cultivadas em espaços interiores do que outras. É isso que procuramos captar na codificação que segue:

- **para iniciantes:** as orquídeas que melhor se adaptam ao calor e ao ar seco dentro de nossos interiores e que não precisam de grandes diferenças entre a temperatura do dia e a da noite: dendróbio-falenópsis, epidendro, falenópsis, etc.;

- **para amadores:** as orquídeas com exigências de temperaturas do dia e da noite que podem ser facilmente satisfeitas em apartamentos ou em uma casa: brássia, celogine, dendróbio, etc.;

- **para amadores avançados:** as orquídeas que precisam de um frescor noturno acentuado ou de uma forte luminosidade em todas as estações; aquelas que prosperam somente em condições estritas de cultivo: catleia, cimbídio, miltônia, etc.

O cultivo em substrato

Dificilmente, amadores recebem orquídeas em cestos perfurados ou se propõem a cultivá-las como na natureza: agarradas a um pedaço de galho, casca de árvore ou cortiça. Na maioria das vezes, elas são vendidas em vasos de plástico, ocasionalmente transparentes, enchidos com uma mistura (também chamada de substrato) composta de partículas grossas que protegem suas raízes da desidratação. Apenas certas espécies, como as ascocendas e as vandas, não se adaptam a outras maneiras de vida e são geralmente apresentadas em um vaso transparente estreitado na metade de sua altura, o qual precisa ser enchido com água uma vez por semana no inverno e duas, no verão. As raízes devem se hidratar por trinta minutos, e depois o excesso de água deve ser retirado.

As "orquídeas terrestres"

Assim se chamam as orquídeas que vivem com as raízes inseridas na terra, como é o caso de muitas plantas de nossos jardins. Entre as orquídeas mais populares que podem ser cultivadas em interiores, somente a ludísia, reconhecível por suas folhas aveludadas marrons com linhas vermelhas, é uma orquídea terrestre. Ela precisa de um substrato bastante nutritivo, à base da clássica terra vegetal. Os pafiopédilos, embora vivam nos pés das árvores, não são orquídeas terrestres propriamente ditas. Afinal, as florestas tropicais estão salpicadas de todo tipo de resíduos de galhos e folhas em decomposição, e as raízes dos pafiopédilos vivem na verdade agarradas a esses detritos e não ao solo que se forma alguns centímetros abaixo dessa decomposição.

Simpodial ou monopodial

Segundo o tipo de seu crescimento, podemos dividir as orquídeas em dois grupos.

As orquídeas de crescimento simpodial produzem um rizoma, ou seja, uma haste subterrânea, a qual lança novas hastes que aumentam o volume da planta. De acordo com a espécie, cada nova haste é capaz de produzir uma ou duas hastes florais. Os pafiopédilos e os fragmipédios geram hastes simples com folhas no centro, das quais surge a haste floral.

Essas hastes se transformam ocasionalmente em órgãos de reserva, a saber, em pseudobulbos mais ou menos bojudos, arredondados ou ovoides. Esse é o caso, por exemplo, da catleia, da brássia, do odontoglosso e do oncídio. Os pseudobulbos contêm reservas para o desenvolvimento de novos brotos no ano seguinte, mas, de um ponto de vista botânico, têm uma estrutura muito diversa dos bulbos autênticos (tulipas, narcisos, crócus, etc.). De acordo com as diferentes espécies, as hastes florais desenvolvem-se no topo ou na base dos pseudobulbos.

Por fim, certas orquídeas produzem hastes espessas, também elas órgãos de reserva que crescem de modo parecido aos bambus, com pequenas reentrâncias no ponto da inserção das folhas. As hastes florais aparecem nas axilas das folhas (dendróbio) ou no alto do "talo" (da haste carnuda principal) quando ele alcança seu desenvolvimento completo (dendróbio falenópsis).

As orquídeas de crescimento monopodial desenvolvem-se na forma de uma única haste central que se eleva para o alto, alongando-se indefinidamente e produzindo em ambos os lados folhas em disposição alternada. É o caso de falenópsis, vanda, ascocenda e outras mais. Quando as folhas na base da haste envelhecem, ficam amarelas, caem e são substituídas por outras no alto.

À direita: a falenópsis, uma orquídea monopodial.

Origens tropicais

As orquídeas que cultivamos em interiores domésticos são provenientes de regiões tropicais, principalmente da Ásia e da América Latina. Na maioria dos casos, vivem em florestas luxuriantes onde há, em todas as estações, uma forte umidade atmosférica. Portanto, gostam de luz viva, mas amena (que lembra a cobertura vegetal de seu ambiente natural). São encontradas em altitudes muito variadas: desde o nível do mar até 3.000 m acima – quando, como no caso dos odontoglossos, provêm da cordilheira dos Andes. Esse é o motivo pelo qual orquídeas, embora sejam todas de origem tropical, conhecem em seu ambiente natural significativas variações de temperaturas entre dia e noite. Para lhes proporcionar boas condições de cultivo, é indispensável respeitar temperaturas diurnas e noturnas indicadas para cada uma delas nas respectivas fichas no início de cada capítulo, e igualmente a diferença entre as temperaturas de dia e de noite, que é importante para a indução da floração.

Períodos aleatórios de florações

As zonas tropicais apresentam apenas pequenas variações sazonais. Não é a alternância das estações que determina o ritmo do ciclo vital das orquídeas tropicais, e sim o ritmo de desenvolvimento das plantas. Também a floração não ocorre necessariamente todos os anos na mesma época. As flores podem se desenvolver a cada oito ou dez meses, mas também depois de mais de um ano. Na realidade, cada nova floração aparece em um novo rebento que não floresce antes de ficar adulto, quer dizer, ficar tão bem desenvolvido quanto as partes da orquídea que já floresceram: pseudobulbos bem formados, folhas suficientemente grandes, etc. A maturidade dos novos rebentos depende de uma determinação genética própria a cada espécie. Ela também é influenciada pelas condições de cultivo que você dispensa à orquídea e que favorecem ou não o crescimento rápido desses novos rebentos: luz, temperatura, adubo... Portanto, você é também um agente dessa nova floração.

Escolher sua orquídea

Antes de você considerar os critérios estéticos, vale a pena escolher o tipo de orquídea que se adaptará melhor ao interior de sua casa: essa é uma das chaves do sucesso!

Antes de comprar uma orquídea, avalie a luminosidade de seus ambientes. Janelas voltadas para o norte e o nordeste são geralmente as mais luminosas. Uma persiana será necessária para atenuar o sol durante os meses de novembro a março. Também janelas bem claras para o leste e o oeste são convenientes. Com exceção dos pafiopédilos, poucas orquídeas suportam exposições para o sul.

Uma varanda ou sacada envidraçada que forneça uma atmosfera noturna mais fresca é uma vantagem. Oferecer esse frescor noturno às orquídeas é sempre mais fácil em uma casa do que em um apartamento.

Colocar a orquídea ao ar livre no verão estimula sua floração: por exemplo, zigopétalos, cimbídios ou odontoglossos gostam muito de ficar ao ar livre.

Cuidados durante o transporte

Geralmente, você compra uma orquídea em flor ou a ponto de florir. Não é o melhor momento para mudá-la de lugar e principalmente para fazê-la passar por traumas (diferenças bruscas de temperatura, luminosidade insuficiente, impacto súbito de calor...). Na compra, verifique se seu substrato está bem úmido. Tanto no verão como no inverno, peça uma embalagem especial completa que envolva toda a orquídea com sua haste floral e suas flores. Leve-a o mais rápido possível para casa e desembrulhe-a imediatamente. Se você passar em casa antes de dar uma orquídea de presente, abra apenas o topo da embalagem.

O melhor lugar em sua casa

Lembre-se de que a maioria das orquídeas vive com as raízes expostas ao ar. Assim, a base da planta é muito sensível à luz, por isso convém colocar sua orquídea de maneira que a superfície do substrato receba a mesma iluminação que o restante da planta. Evite cachepôs profundos, porque suas bordas projetam sombra sobre a superfície do vaso. Se você usar um cachepô, posicione a borda do vaso da orquídea na mesma altura da borda do cachepô. A melhor iluminação que você poderá oferecer a uma orquídea vem simultaneamente do lado e de cima, como acontece com a iluminação natural. Nesse aspecto, sacadas, janelas e claraboias são o lugar ideal. Contudo, é possível cultivar orquídeas mesmo se você não tiver esse tipo de ambiente. O melhor lugar é perto da janela, a menos de 1 m de distância dela, com a base da planta na altura do vidro.

O recipiente adequado

O recipiente de uma orquídea é geralmente duplo: um vaso de plástico, que é perfeito para a boa saúde de suas raízes, e um cachepô para a estética.

Vasos de terracota não são recomendáveis, porque podem ser fonte de várias doenças. O fundo do vaso deve possuir três ou quatro furos de drenagem bem abertos. Evite recipientes largos, se não for necessário por causa da orquídea escolhida, pois, neles, o substrato resseca mais rapidamente em razão da maior superfície em contato com o ar.

O cachepô escolhido deve ser muito maior do que o vaso de sua orquídea, a saber, 2 cm a 3 cm mais largo no diâmetro e 4 cm a 5 cm mais profundo. Assim, manterá a estabilidade do vaso da orquídea que às vezes é pequeno em comparação com a planta inteira, especialmente na altura da haste floral. Com esse espaço ao redor do vaso, o ar poderá circular bem em torno das raízes, o que deverá contribuir com sua boa saúde. Esse aspecto é especialmente importante para as espécies cujas raízes apodrecem facilmente, como o zigopétalo ou a falenópsis. Pelo mesmo motivo, você deve destacar o vaso de sua orquídea do fundo do cachepô. O ideal é formar uma bola com um pedaço de palha de aço e colocá-la debaixo do vaso. Pressionando levemente as bordas do vaso, você achatará a palha um pouco e fixará bem o vaso da orquídea.

O jeito certo de regar: nem pouco, nem muito

Em seu meio original, as orquídeas vivem em um ambiente muito úmido. Entretanto, nem elas, e muito menos suas raízes, ficam banhadas em água. Quando são cultivadas em um vaso com substrato, é preciso cuidar para que ele não fique permanentemente embebido em água (isso fará as raízes apodrecerem), mas que, ainda assim, esteja sempre úmido – as raízes não se dão bem com um entorno seco. No geral, será suficiente regar o vaso generosamente uma vez por semana, exceto em períodos de temperaturas acima de 22 °C a 25 °C.

Cada vez que você regar a orquídea, despeje um volume de água equivalente ao volume do vaso. Deixe o substrato absorver o líquido por no mínimo trinta minutos e no máximo uma ou duas horas, antes de tirar a água excedente do cachepô ou do prato. Evite molhar os novos rebentos, que são muito sensíveis à umidade excessiva. Você também pode optar pela imersão do vaso em um balde, mas sem molhar o coração da planta ou os novos rebentos.

Além disso, se fizer calor, você pode borrifar a superfície do substrato e, eventualmente, a folhagem. Contudo, evite molhar as folhas das miltônias e de seus híbridos, porque ficarão manchadas. Use sempre água sem calcário em temperatura ambiente: não se esqueça de que, na natureza, as plantas se alimentam da água da chuva. Somente o pafiopédilo tolera água com um pouco de calcário.

A umidade do ar

De suas origens tropicais, as orquídeas preservaram o gosto por uma atmosfera úmida. Dentro de sua casa, especialmente durante o inverno se houver calefação, você poderá facilmente aumentar a umidade do ar em torno delas colocando-as perto de uma fonte decorativa de interiores. O borbulho da fonte dará uma sensação refrescante à sua casa e fará bem às orquídeas próximas. Você pode também usar um umidificador elétrico, que produz uma bruma delicada e também umidifica o ar. Finalmente, uma solução mais rústica que produz o mesmo efeito é uma bandeja com bolinhas de argila, que devem estar sempre úmidas.

Trocar o vaso é essencial

Quase todas as orquídeas exóticas cultivadas em interiores (exceto as ascocendas e as vandas, que possuem somente raízes expostas ao ar) podem ser mantidas em vasos, desde que não sejam plantadas em terra comum. Elas precisam de uma mistura de partículas mais ou menos grossas que, de modo mais correto, é chamada de "substrato" em vez de "terra". Geralmente se trata de uma mistura de casca de pinheiro e bolinhas de argila de granulometria fina a média, de acordo com as espécies. Para as orquídeas mais ávidas de umidade, acrescenta-se um musgo natural de esfagno, que pode ser comprado desidratado. Quando a mistura é esfregada entre as mãos, não deve grudar nas palmas. Isso mostra que ela, à diferença da terra, não contém matérias orgânicas finas. Seu papel é apenas dar suporte às raízes das orquídeas para que elas possam se fixar, e não fornecer nutrientes.

Mesmo que haja no comércio "terras" para orquídeas supostamente prontas para o uso, vale a pena preparar sua própria mistura, para adaptá-la bem a cada uma das espécies cultivadas. Não é complicado de fazer e é fácil encontrar os vários ingredientes separadamente.

Quando replantar?

As orquídeas de crescimento simpodial – exceto as ascocendas, as vandas e as falenópsis – produzem a cada ano novos rebentos, desde que sejam vigorosas,

Cuidado com a "terra" para orquídeas!

Se você optar por usar uma terra especial para orquídeas disponível no comércio, escolha uma versão que contenha a maior proporção disponível de casca de pinheiro, mas nada de terra nem de húmus, e muito menos de composto! Não se esqueça de que suas mãos devem estar limpas depois de manipular essa terra. Caso ela contenha partículas muito finas – demasiadamente finas –, você pode passá-la por uma peneira para tirá-las.

saudáveis e bem cuidadas. Além disso, seu vaso logo fica pequeno. A falenópsis, por exemplo, produz raízes espessas que preenchem o vaso rapidamente. Além disso, suas raízes gostam de espaços apertados. É por isso que um vaso de orquídeas parece às vezes desproporcional ao tamanho da planta e ameaça sua estabilidade.

Você deve trocar o vaso:

- se as raízes ocuparam todo o volume do vaso;
- se as partículas do substrato se esfarelaram;
- se a orquídea recebeu água em excesso (a mistura utilizada não tem grande capacidade de drenagem) e suas raízes apresentam sinais de apodrecimento.

Para a maioria das orquídeas, convém trocar o vaso a cada dois ou três anos, exceto para o pafiopédilo, que prefere ser replantado todos os anos. O vaso deve ser trocado no período do crescimento, geralmente após a floração, antes de aparecer um novo rebento. Evite os períodos de forte calor e jamais replante orquídeas entre maio e agosto. Se sua orquídea tiver florido nesse período, espere a primavera seguinte para replantá-la. Não troque o vaso de uma orquídea em flor, mesmo se parecer apertado.

Como replantar?

Cada vez que você trocar o vaso, aumente seu diâmetro de 1 cm a 2 cm, mas não mais que isso. Se sua orquídea não estiver muito vigorosa, você poderá replantá-la no mesmo vaso, mas antes se recomenda uma desinfecção das paredes com alvejante. Acima de um diâmetro de 24 cm a 26 cm, divida sua orquídea em vez de replantá-la em um vaso maior. Tire-a cautelosamente do vaso e elimine bem os restos do substrato presos entre as raízes para poder examiná-las. É aconselhável limpá-las embaixo da torneira para vê-las melhor. Elimine raízes machucadas, apodrecidas ou secas.

Caso sua orquídea tenha uma folhagem volumosa, coloque no fundo do novo vaso (de plástico) uma camada de alguns centímetros de cascalho (sem cal, exceto para o pafiopédilo). Continue a encher o vaso com o substrato adequado bem umidificado até 2 cm a 3 cm abaixo da borda. Lembre-se de molhar o vaso na véspera: assim, ele estará bem úmido sem ficar encharcado.

Coloque a orquídea no centro, no caso das espécies que têm uma única haste (de crescimento monopodial) e da falenópsis. Orquídeas com rizoma (de crescimento simpodial) devem ser plantadas um pouco mais para um lado, principalmente as que produzem cada ano um novo rebento florido, como o dendróbio ou a catleia. Distribua bem as raízes e encha o vaso até a borda com a mesma mistura. A junção das raízes e das partes aéreas deve ficar no máximo 2 cm abaixo da borda do vaso. Os pseudobulbos, se houver, ou a base da folhagem devem ficar debaixo da mistura. A base estará suficientemente coberta quando você puder levantar sua orquídea pelas folhas sem que ela saia do vaso.

Depois da troca do vaso, não regue a orquídea durante duas a quatro semanas – tempo em que ela recomeça a brotar (lançamento de novas raízes e crescimento do novo rebento). Durante esse tempo, limite-se a manter o substrato úmido, borrifando sua superfície com água sem calcário em temperatura ambiente.

Tutor: às vezes, necessário

As orquídeas de hastes altas e de flores grandes e mais pesadas precisam de um tutor para garantir a estabilidade da planta. Esse tutor permite também erguer as flores e assim admirar com mais facilidade as corolas, sobretudo as que apontam para baixo. Para apoiá-las, use varinhas verdes, que são muito discretas. Afixe a haste com um arame fino revestido da mesma cor – é rápido e fácil de colocar e de tirar.

Adubar sem excesso

O substrato das orquídeas não contém elementos nutritivos, ou estes são muito escassos. Por isso, você precisa alimentá-las regularmente e ao longo de todo o ano com água preparada para a rega. O ideal é escolher adubos adaptados ao estado de sua orquídea. Durante o desenvolvimento da haste floral e a floração, use um adubo pobre em nitrogênio (especial para flores) uma vez a cada quinze dias. Quando aparecerem os novos rebentos após o fim da floração, mude para um adubo equilibrado entre os três elementos principais (nitrogênio, fósforo, potássio) e aumente a frequência das aplicações (adicione-o, por exemplo, em três de cada quatro regas). Esses dois tipos de adubos estão disponíveis em lojas especializadas.

Após a floração

Sua orquídea vai gostar de se "recuperar", tanto mais se a floração tiver sido longa. Corte a haste floral o mais próximo possível de sua base, exceto na falenópsis, que pode reflorir várias vezes na mesma haste. A haste dela deve ser cortada acima da segunda ou terceira protuberância, contando de baixo para cima, quando todas as flores tiverem murchado. A seguir, coloque sua orquídea em um local fresco, mas observando as temperaturas mínimas indicadas em cada ficha. Reduza o ritmo das regas, deixando a superfície do substrato secar até 1 cm a 2 cm de profundidade. Suspenda a adição de adubo até um novo rebento brotar, o que é sinal de que a planta está crescendo.

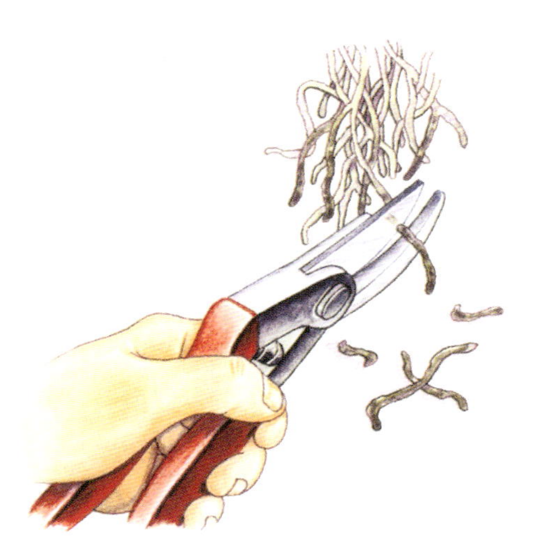

Boas ferramentas

Para cuidar de orquídeas, você precisa de:

- um regador com bico longo e fino que lhe permitirá regar com precisão, sem molhar o coração da planta ou os seus novos rebentos. O mais fácil é manter o bico do regador longe da planta;
- uma pequena tesoura de jardinagem, com lâminas bem afiadas, do tipo que corta bonsais ou flores em geral, para cortar com precisão hastes florais e folhas danificadas, sem machucar a planta. Depois de cada uso e antes de passar de uma orquídea para outra, desinfete as lâminas no fogo ou passando um chumaço de algodão embebido em álcool;
- um borrifador de jato fino e regular. O modelo de pressão prévia é o mais adequado.

Acima: cochonilhas-farinhentas.

Parasitas e doenças

Não obstante sua reputação de "divas", as orquídeas são bastante resistentes a doenças e ameaçadas por pouquíssimas pragas em regiões não tropicais. Na maioria das vezes, os problemas são causados por erros de cultivo: regar ou adubar em excesso, luminosidade errada, etc.

Parasitas comuns

Assim como muitas outras plantas de interior de origem tropical, as orquídeas estão sujeitas a ataques de ácaros e de cochonilhas (piolhos de vegetais).

Os ácaros são facilmente reconhecíveis pela cor cinza prateada que aparece na folhagem. No verso das folhas, finas teias revelam a presença dessa praga. Regue com esmero o verso das folhas, se for possível, fora dos períodos de floração. É recomendável usar, de preferência, um produto biológico: você poderá aplicar os mesmos produtos que estiver usando para outras plantas de interiores.

As cochonilhas são mais traiçoeiras, pois se escondem nas partes mais recônditas da planta – por exemplo, debaixo das brácteas secas dos pseudobulbos. Estão entre os piores inimigos das orquídeas e podem ser de dois tipos principais: cochonilhas-farinhentas, que aparecem como pequenos aglomerados brancos, e cochonilhas de casca marrom e cerosa. Quando são poucas, tire-as com uma escova de dente e monitore seu eventual retorno para eliminá-las assim que aparecerem. Em casos de forte infestação, você pode tentar um tratamento mais radical, com um produto específico para plantas de interiores.

Os pulgões, na maioria das vezes os "verdes" e raramente os pretos, atacam os novos botões das flores ou os novos rebentos. Quando são poucos, uma boa ducha pode fazê-los cair da orquídea. No entanto, uma vez que os botões começarem a se abrir, o método não pode ser mais empregado. Use, se possível, um inseticida biológico à base de rotenona, repetindo o tratamento a cada oito ou dez dias.

Outros males

As orquídeas, especialmente as catleias, são sujeitas a **viroses** que deformam a planta ou causam colorações anormais. Uma vez atingida, a saúde de sua orquídea já se foi! Nenhum tratamento será capaz de erradicar as viroses.

Além dessas doenças graves, as orquídeas podem sofrer o **apodrecimento** dos pseudobulbos ou das raízes, geralmente pelo excesso de umidade. Se aparecerem sintomas, a remoção das partes doentes é o melhor de todos os remédios. Replante a orquídea imediatamente, mesmo se a estação não for propícia. Limpe bem a planta de todo substrato e corte as partes doentes (pseudobulbos ou raízes) com uma faca ou uma tesoura de jardinagem desinfetada. Deixe a planta imersa por alguns minutos em uma solução fungicida. Deixe-a secar um dia antes de replantá-la em um vaso não infectado e com novo substrato.

Por fim, às vezes, a **fumagina** deixa as folhas pretas, alertando sobre um ataque de parasitas, na maioria das vezes de cochonilhas. Não deixe passar sem dar atenção! Procure a causa e erradique o parasita. Frequentemente, isso basta para fazer desparecer essa "fuligem" preta desagradável que entristece as folhas. Se você não quiser esperar, pode lavar as folhas atingidas com uma solução de sabão preto, desde que cuide também de combater a causa.

Melhor prevenir do que remediar

- Evite embeber constantemente o substrato das orquídeas. Esvazie os cachepôs e os pratos.
- Tire rapidamente flores murchas e folhas amareladas ou secas, para reduzir as "portas de entrada" de doenças.
- Ao trocar o vaso, elimine cuidadosamente as raízes secas ou apodrecidas.
- No verão, em um clima quente e seco, banhe ou nebulize regularmente a folhagem de suas orquídeas. Dessa forma, você limitará os ataques de ácaros.
- Nos tratamentos, não use produtos com aerossol.
- Coloque uma orquídea doente em quarentena em um espaço diferente, para que não possa contaminar suas vizinhas.
- Espere sempre dois dias antes de regar uma orquídea tratada.

Lesmas e caracóis são vorazes!

Quando você coloca suas orquídeas ao ar livre, no verão, elas precisam de uma proteção contra lesmas. Já existem grânulos biológicos que podem ser espalhados sobre o substrato e em torno do vaso. Não se esqueça de renovar a proteção após uma chuva forte. Levante os vasos das orquídeas algumas vezes por dia para verificar o fundo. As lesmas adoram se esconder ali durante o dia, porque isso as protege do calor graças à umidade do substrato. Faça a mesma verificação do fundo dos vasos antes de levar as orquídeas de volta ao interior, para desalojar visitantes indesejados!

Ao lado: doença de ácaro-aranha vermelho na folhagem de uma orquídea.

Multiplicar orquídeas é fácil demais!

Os especialistas usam técnicas sofisticadas, como a multiplicação *in vitro*, para reproduzir as orquídeas em grande escala. Foi isso que permitiu sua democratização e a ampla gama de variedades que hoje em dia é oferecida na maioria dos comércios que vendem material de jardinagem e nas floriculturas, e até mesmo nos supermercados. Contudo, também em sua casa, a multiplicação é possível com métodos mais simples que não exigem nenhum material específico.

Para reproduzir exatamente a orquídea escolhida, recorre-se à multiplicação sem fecundação, chamada de "vegetativa". As técnicas de multiplicação empregadas pelos amantes não profissionais de orquídeas não permitem uma reprodução em grande número, mas algumas orquídeas assim criadas já satisfazem plenamente um colecionador. O método de multiplicação depende do tipo de crescimento de sua orquídea. Dito de modo um tanto esquemático, as espécies de crescimento simpodial como odontoglossos, oncídios, catleias, etc. precisam ser divididas. Para espécies de crescimento simpodial, mas que produzem hastes carnudas (dendróbio, epidendro, etc.) ou raízes carnudas (ludísia) em vez dos pseudobulbos, pode-se usar a estaquia, geralmente feita a partir de seções da haste. As espécies de crescimento monopodial são multiplicadas da mesma maneira. Mas, claro, toda regra tem suas exceções. As falenópsis de crescimento monopodial, mas de hastes muito curtas, são reproduzidas de maneira muito original a partir de *keikis*.

Um exemplo de multiplicação: o cimbídio

O cimbídio é reproduzido a partir de um pseudobulbo antigo, despido de folhas e de raízes, ou ainda pela divisão da touceira quando esta alcança um tamanho bastante grande. No primeiro caso, será preciso esperar dois a três anos até a primeira floração da nova orquídea. Uma orquídea criada por divisão pode florir já a partir do ano seguinte.

Por divisão

Na hora de trocar o vaso da orquídea, corte seu rizoma em duas ou três partes. Para poder crescer, cada parte deve conter três pseudobulbos, raízes e um novo rebento. Plante as partes na mesma mistura de antes, encostando a parte oposta ao novo rebento na parede do vaso.

Usando um pseudobulbo como estaca

Durante a troca do vaso, separe pseudobulbos sem folhas, mas não murchos, puxando-os de baixo para cima. Coloque-os verticalmente sobre uma camada de areia bem úmida, enterrando apenas sua base.

Cubra os vasos com um plástico transparente ou uma campânula e coloque o conjunto em um local bastante iluminado. O novo rebento aparecerá primeiro na base do pseudobulbo, depois virão as raízes. Quando elas estiverem bem visíveis, você pode replantar os rebentos individualmente no substrato e cuidar das estacas da mesma forma como do cimbídio do qual foram tiradas.

A divisão das simpodiais

Aproveite a troca do vaso para dividir sua orquídea em duas ou três partes. Tire o máximo do antigo substrato, separe as partes à mão e depois corte o rizoma com uma tesoura de jardinagem. Cada uma das partes deve possuir raízes, um novo rebento e dois a três pseudobulbos ou hastes antigas localizadas na parte traseira da planta (o lado oposto àquele no qual os novos rebentos apareceram).
Plante as partes imediatamente no mesmo substrato usado na planta-mãe. Escolha vasos apenas um pouco maiores que as partes formadas, pois isso favorece o lançamento de novas raízes. Coloque a parte traseira das novas plantas (onde estão os pseudobulbos antigos) perto da parede do vaso. Use um substrato bem molhado e não as regue até o nascimento das novas raízes (três a quatro semanas mais tarde). Mantenha um ambiente bem úmido em torno de sua nova orquídea. A primeira floração pode ocorrer a partir do ano seguinte ou dentro de dois anos após a divisão.

Monopodiais: usar seções com raízes

A haste única das orquídeas de crescimento monopodial possui muitas vezes raízes nas axilas das folhas, em toda a sua extensão. Para multiplicar essas orquídeas, basta cortar 15 cm a 20 cm da extremidade da haste. A parte cortada deve ter raízes bem desenvolvidas. Não tenha medo de cortar mais se for necessário. Assim, você pode encurtar a haste de uma orquídea que ficou muito longa e lhe conferir novas proporções razoáveis. Faça-o logo após a floração, no período de crescimento. Plante essa parte superior da haste da mesma maneira que a orquídea-mãe da qual foi tirada. Ela poderá florir a partir do ano seguinte. Algumas semanas ou alguns meses mais tarde, a orquídea-mãe produzirá novos rebentos ao longo da parte restante da haste, nas axilas das folhas. Quando essas novas mudas tiverem raízes suficientes e puderem ser manipuladas com facilidade, destaque-as cautelosamente da planta-mãe e preserve somente a que está na posição superior. Ela prolongará a haste e perpetuará a matriz. Plante as outras mudas assim como a planta-mãe.

Para hastes carnudas, a estaquia!

As espécies que produzem hastes carnudas (parecidas com hastes de bambu), como os epidendros ou os dendróbios, são reproduzidas a partir de seções da haste. Use partes ainda verdes e carnudas que não tenham mais folhas. Corte seções com um ou dois pontos de inserção de folhas (uma espécie de protuberância anular na haste em distâncias mais ou menos regulares). Polvilhe os cortes com enxofre para evitar que a planta apodreça. Insira as partes até a metade de sua altura em vasos individuais com substrato para orquídeas. Você pode colocá-las também na horizontal em uma caixa com o mesmo substrato. Mantenha o substrato úmido até o aparecimento de uma nova muda na altura da protuberância (dois a três meses depois). Quando elas tiverem raízes suficientes, plante-as em um substrato específico para orquídeas reproduzidas. A ludísia pode ser multiplicada da mesma maneira, a partir de seções de suas raízes carnudas.

A multiplicação de hastes carnudas: o epidendro

Orquídeas de hastes carnudas podem ser reproduzidas a partir da divisão de uma touceira inicial de pseudobulbos bastante densa. O período de crescimento, quando aparecem as novas hastes bambusiformes, é o mais favorável.

Durante a troca do vaso, corte a planta com uma tesoura de jardinagem ou uma faca bem afiada, desinfetada com álcool, em duas ou três partes que devem possuir: hastes que já floriram, mas ainda estejam verdes, raízes e ao menos um novo rebento.

Plante cada parte imediata e separadamente, como indicado nas pp. 94-96. Coloque-as em condições de vida ideais. Borrife a superfície do substrato para mantê-lo bem úmido até o nascimento de novas raízes. Depois cuide delas da mesma maneira que da planta adulta.

O caso particular da falenópsis

A falenópsis pode ser multiplicada ao cortar a extremidade de sua haste, como no caso das outras orquídeas monopodiais, mas a operação é delicada, já que essa haste é muito curta e envolta em folhas duras. Contudo, a falenópsis produz em sua haste floral um novo rebento com folhas, uma falenópsis em miniatura chamada de *keiki*. As raízes surgem apenas mais tarde. Quando a nova muda tiver raízes suficientes e puder ser manuseada sem sofrer danos, corte-a com cuidado com uma faca bem afiada e desinfetada. Plante-a imediatamente em um vaso apenas um pouco maior que o *keiki*, com substrato adequado e bem úmido. Não a regue antes do nascimento de uma nova raiz. Providencie uma atmosfera úmida ou, em caso de forte calor, borrife a superfície do substrato para que possa preservar sua umidade.

Multiplicação em número maior

Os antigos pseudobulbos sem folhas e rugas são capazes de gerar uma nova muda. Na hora de trocar o vaso, separe-os da planta-mãe. Plante-os verticalmente em pequenos vasos com esfagno bem úmido, inserindo-os aproximadamente pela metade de sua altura. Coloque tudo em uma miniestufa, em um local bem iluminado. Em vez de usar uma miniestufa, você pode também envolver seus vasos em um plástico transparente. Quando os novos rebentos aparecerem na base dos pseudobulbos, plante-os no substrato adequado para cada espécie. Assim, você obtém um número maior de novas plantas para dar aos seus amigos ou trocar com outros colecionadores.
As orquídeas assim multiplicadas irão florir em dois a três anos.

Como ler as fichas

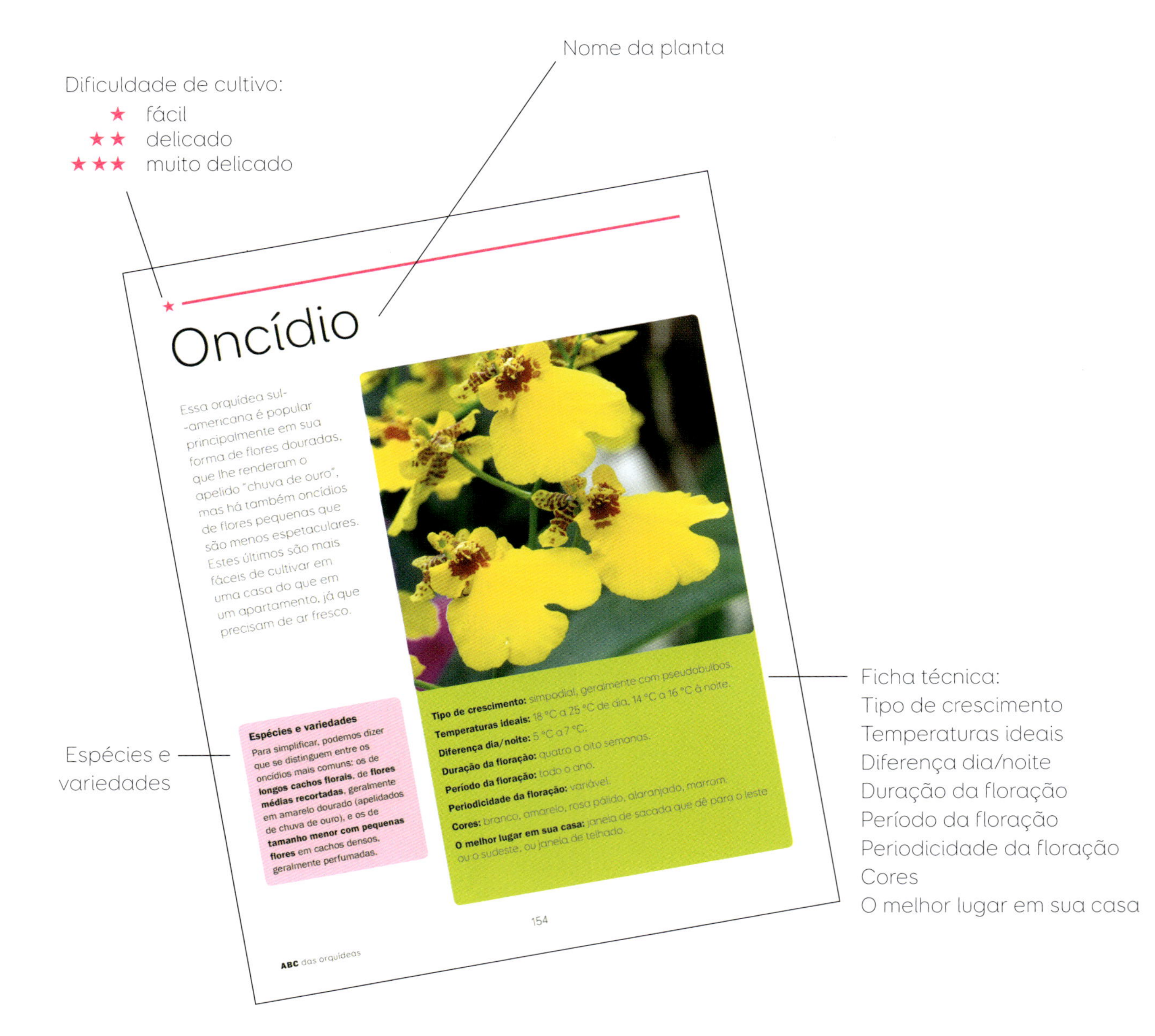

As orquídeas de A a Z

Brássia

As brássias são originárias da América Central, especialmente das regiões tropicais, muito úmidas, sobretudo na primavera e no verão. Precisam de muita luz e de forte umidade. Muitas vezes, são perfumadas e atraem o olhar com seus cachos curiosos que se parecem com elegantes aranhas – daí o apelido "orquídea aranha".

Espécies e variedades

As brássias são geralmente perfumadas, exalando essências picantes mais ou menos intensas e apreciadas por quem gosta de perfumes. Uma das variedades mais comuns é a *B. verrucosa*, que faz jus ao apelido de orquídea aranha pela forma delgada de suas pétalas.

Tipo de crescimento: simpodial com pseudobulbos.

Temperaturas ideais: 18 °C a 25 °C de dia, 13 °C a 16 °C à noite.

Diferença dia/noite: 5 °C a 10 °C.

Duração da floração: três a seis semanas.

Período da floração: todo o ano, exceto no inverno.

Periodicidade da floração: uma vez ao ano.

Cores: amarelo-alaranjado, marrom, verde-amarelo, verde pálido.

O melhor lugar em sua casa: uma janela que dê para o norte, provida de uma persiana ao menos de meados de agosto a meados de maio. No verão, a sombra de uma cortina entre 11h e 18h é bem-vinda.

Durante a floração

Acomodar

A brássia precisa permanentemente de uma atmosfera com 70% a 80% de umidade. Em um apartamento, coloque-a ao lado de uma pequena fonte decorativa que manterá essa umidade em torno da planta.

Se a brássia receber muito sol, suas folhas ficarão avermelhadas. Mude-a de local ou coloque uma persiana.

Tutorar

A haste floral da brássia quase não ultrapassa as folhas e se inclina naturalmente. Fixe-a na base com uma varinha quando as flores estiverem abertas e seu peso ameaçar a estabilidade do vaso. Coloque a varinha no lado oposto à curva da haste floral.

Após a floração

Podar

Quando as flores estiverem murchas, corte a haste floral o mais próximo possível de sua base, na junção do pseudobulbo com a folha.

Dica

No verão, a brássia gosta de ficar ao ar livre. Coloque-a na sombra de uma árvore com folhagem pouco densa. Se você não tiver jardim, pode colocá-la no peitoril de uma janela que dê para o sul ou para o leste. Tenha o cuidado de prender bem seu vaso, já que as folhas compridas oferecem uma superfície grande para a ação do vento.

Regar

Nas regiões tropicais de onde vêm, as brássias experimentam primaveras e verões muito chuvosos. Por isso, durante essas estações, aplique água cada vez que o substrato secar na profundidade de alguns centímetros. Regue-a com um volume de água equivalente ao volume do vaso e esvazie o prato depois de deixá-la absorver a água por uma ou duas horas. No inverno, você pode esperar o substrato secar até a metade de sua altura.

Para gerar uma atmosfera bem úmida em torno da orquídea, borrife suas folhas regularmente com água sem calcário, em temperatura ambiente. Não deixe a água estagnada nas cavidades dos novos rebentos porque são muito sensíveis ao apodrecimento.

As brássias têm a tendência de brotar fora de seu vaso. Os novos rebentos lançam então raízes aéreas que precisam ser borrifadas diariamente até a próxima troca do vaso.

A formação de rugas nos pseudobulbos é sinal de que uma orquídea está com falta de água.

Adubar

Durante o período do crescimento dos pseudobulbos (na primavera, após a floração), adicione um adubo rico em nitrogênio, específico para as orquídeas (à venda em lojas especializadas), a cada duas regas. Durante os outros meses, use um adubo para orquídeas em flor, rico em fósforo e em potássio, uma vez por mês.

Replantar

A cada dois anos, quando se forma um pseudobulbo, tire sua brássia cautelosamente do vaso. Elimine o máximo possível das partículas de substrato presas entre as raízes, sem machucá-las.

Os pseudobulbos mantêm suas folhas intactas por cerca de dois anos. Depois, amarelam e secam. Contudo, não corte o pseudobulbo que perdeu suas folhas: suas reservas continuam a alimentar os novos rebentos. Elimine-os somente quando estiverem completamente secos.

Lave as raízes com água. Elimine aquelas que estiverem quebradas, doentes ou apodrecidas. Tire também os restos de pseudobulbos secos. Use sempre uma tesoura de jardinagem própria e desinfetada.

O substrato ideal para a brássia é composto de 60% de casca de pinheiro de granulometria média, 20% de bolinhas de argila também de granulometria média e 20% de esfagno (tudo disponível em lojas especializadas ou no setor de orquídeas de centros de jardinagem). Umidifique bem a mistura antes de trocar o vaso.

Escolha um vaso com um diâmetro de 2 cm a 3 cm maior que o vaso anterior. Ponha uma camada de alguns centímetros de substrato (ver quadro acima) bem úmido. Coloque a parte traseira da brássia (o lado oposto ao novo rebento) contra a parede do vaso e o rizoma (a parte que liga os diferentes pseudobulbos), 2 cm abaixo da borda. Enterre na mistura os pseudobulbos que saíram do vaso anterior e já desenvolveram raízes aéreas.

De vez em quando, encha os espaços vazios com substrato, socando-o com uma varinha inserida verticalmente no lado oposto da planta para não machucar as raízes e o rizoma. Este último deve ficar visível na superfície.

Espere o lançamento de novas raízes antes de regar. Até então, limite-se a borrifar a superfície do substrato com água sem calcário em temperatura ambiente.

Multiplicar a brássia

A brássia é multiplicada por divisão quando a planta fica muito volumosa. Contudo, não a divida muitas vezes, pois são as plantas volumosas que florescem com maior generosidade. No momento de trocar o vaso, a primavera é a melhor estação para fazê-lo.

Tire a planta do vaso, elimine de suas raízes o máximo possível das partículas de substrato e coloque-a em uma superfície dura. Corte-a em duas partes, com uma faca bem afiada e desinfetada, no lado dos novos rebentos. Plante cada parte (que deve ter ao menos três pseudobulbos e raízes) separadamente, como indicado na imagem.

Catleia

Originárias das florestas de altitude do México, da Argentina e do Brasil, as catleias precisam de muita luz e alta umidade (70% a 80%).
Há catleias bifoliadas chamadas de "catleias de flores pequenas", em sua maioria de origem brasileira, mais flexíveis em suas condições de vida, e catleias monofoliadas chamadas de "catleias de flores grandes", mais ávidas por luz.

Espécies e variedades

As catleias bifoliadas (de flores pequenas) caracterizam-se por seus pseudobulbos esbeltos, coroados por duas folhas geralmente horizontais.
As catleias monofoliadas (de flores grandes) produzem pseudobulbos curtos e bojudos, com uma única folha grande.

Tipo de crescimento: simpodial com pseudobulbos.

Temperaturas ideais: acima de 18 °C de dia e de 14 °C a 16 °C à noite, de maio a outubro; não mais de 28 °C de dia e de 18 °C a 20 °C à noite, de novembro a abril.

Diferença dia/noite: 5 °C a 8 °C.

Duração da floração: duas a quatro semanas.

Período da floração: março a dezembro.

Periodicidade da floração: uma vez ao ano, às vezes duas (segundo as variedades).

Cores: rosa, malva, amarelo, laranja a marrom, verde.

O melhor lugar em sua casa: o ideal é a sacada quente; na falta dela: menos de 1 m de uma janela que dê para o norte, o noroeste ou o nordeste, com persiana somente de outubro a março.

Durante a floração
Tutorar

Sem varinha, a catleia fará seu vaso tombar. Coloque uma varinha da mesma altura da planta no centro, sem machucar as raízes. Amarre depois os pseudobulbos na base das folhas entre si e à varinha com um pedaço de ráfia ou de arame plastificado, formando um "8", sem apertá-los demasiadamente.

Após a floração
Podar

Quando a flor estiver murcha, corte a haste floral o mais próximo possível de sua base, na junção do pseudobulbo com a folha.

Regar

Uma vez por semana no verão e uma vez a cada duas a três semanas no inverno, aplique um volume de água equivalente ao volume do vaso. Molhe o substrato, mas evite molhar o coração da planta. Deixe-a absorver a água por meia hora, depois esvazie o prato ou o cachepô.

Para criar uma atmosfera bem úmida em torno de sua catleia, coloque-a na proximidade de uma fonte decorativa ou ponha o vaso (ou o cachepô) sobre uma bandeja larga com uma boa camada de pedra britada, que deve estar sempre úmida.

No verão, em dias de calor, borrife uma vez por dia o verso das folhas e a superfície do substrato, com água sem calcário e em temperatura ambiente.

Não tire as brácteas que cobrem os pseudobulbos, pois elas os protegem da desidratação. Contudo, fique atento para que cochonilhas não se aninhem ali quando a atmosfera estiver seca.

Adubar

A cada duas regas, durante todo o ano, regue sua catleia com água com a adição de um adubo específico para orquídeas.

Dica

As catleias são muito sensíveis à luz e, principalmente, ao ritmo de dia e noite. Na cidade, verifique se a iluminação pública não prolonga o dia, pertubando assim a indução da floração. As catleias de flores grandes são as mais sensíveis.

Replantar

Espere um novo pseudobulbo aparecer: se ele se desenvolver na borda ou fora do vaso, é preciso replantar (geralmente a cada dois ou três anos). Quando o pseudobulbo tiver alguns centímetros, tire a catleia cautelosamente do vaso e elimine o máximo de substrato preso entre as raízes. Tenha cuidado para não as machucar.

Lave as raízes com água. Se você quebrar uma raiz, corte-a acima do ponto machucado com uma tesoura de jardinagem própria e desinfetada. Elimine também as raízes secas ou apodrecidas.

Em catleias grandes, tire também os pseudobulbos mais velhos. Localizados no lado oposto do novo rebento, eles têm folhas verde-claras a amarelas, e a maioria de suas raízes está seca. Preserve pelo menos três pseudobulbos ligados ao novo rebento.

O substrato ideal para a catleia de flores grandes é composto de 80% de casca de pinheiro de granulometria média e 20% de bolinhas de argila. Para uma catleia de flores pequenas, ele consiste em 60% de casca de pinheiro fina, 20% de bolinhas de argila e 20% de esfagno. Umidifique bem a mistura antes de trocar o vaso.

Em um vaso com um diâmetro de 2 cm a 3 cm maior que o anterior, ponha uma camada de alguns centímetros de substrato bem úmido (ver quadro acima). Coloque a parte traseira da catleia (o lado oposto ao novo rebento) contra a parede do vaso, com o rizoma (a parte que liga os diferentes pseudobulbos) 2 cm abaixo da borda.

Encha o espaço vazio com o substrato, socando-o de vez em quando com uma varinha inserida verticalmente no lado oposto à planta.
O rizoma deve ficar visível.

Espere o lançamento de novas raízes antes de regar a planta. No meio-tempo, limite-se a borrifar a superfície do substrato com água sem calcário em temperatura ambiente.

Tutorar

Quando o novo rebento estiver grande o suficiente, mas ainda maleável, afixe-o ao pseudobulbo vizinho. Endireite-o com cuidado, sem apertar o nó para não o quebrar.

No verão, exceto quando sua catleia estiver em flor ou tiver acabado de ser replantada, suspenda-a no galho de uma árvore com folhagem pouco densa ou coloque-a no peitoril de uma janela que dê para o sul ou o leste. No jardim, fique atento a lesmas!

Multiplicar a catleia

A catleia pode ser multiplicada por divisão quando a planta está volumosa: cada pedaço deve ter ao menos três ou quatro pseudobulbos e um novo rebento. Divida-a durante a troca do vaso.

Limpe a planta e a coloque sobre um suporte duro. Corte-a em duas partes com uma faca bem afiada e desinfetada, do lado dos novos rebentos. Plante cada pedaço separadamente, como indicado nas pp. 52-54.

★ ★

Celogine

Em seu ambiente natural, as celogines, geralmente epífitas e perfumadas, conseguem viver desde o nível do mar até uma altitude de 2.600 m. Isso significa que suas necessidades podem ser diferentes de uma variedade para outra! Pergunte pela origem da orquídea comprada para encontrar o melhor lugar para ela e dispensar-lhe os cuidados adequados. A celogine também é conhecida como branca de neve, orquídea branca e orquídea anjo.

Tipo de crescimento: simpodial com pseudobulbos.

Temperaturas ideais: ver quadro "Espécies e variedades" (p. 57).

Diferença dia/noite: até 7 °C.

Duração da floração: quatro a seis semanas.

Período da floração: variável segundo as espécies.

Periodicidade da floração: variável segundo as espécies.

Cores: branco, amarelo pálido, verde-amarelo, marrom.

O melhor lugar em sua casa: ver quadro "Espécies e variedades" (p. 57).

Durante a floração

Acomodar

Ainda que as celogines tenham necessidades variadas de temperatura, todas gostam de uma atmosfera muito úmida (75% a 85% de umidade permanente). Por isso, coloque-as sobre bandejas cheias de uma boa camada de pedra britada (3 cm a 4 cm de espessura), que você deve manter sempre úmida, principalmente quando a temperatura ambiente estiver mais alta. Verifique de vez em quando se a pedra britada não está obstruindo os furos de drenagem do vaso.

Espécies e variedades

As celogines dividem-se em três grupos:

- **as que apreciam o calor permanente** (de 18 °C a 30 °C de dia e alguns graus a menos à noite, ou seja, uma diferença de dia/noite de 2 °C a 5 °C): *C. speciosa*, *C. fimbriata*, *C. burfordiense*, *C. pandurata*, etc. Elas gostam dos interiores domésticos, como as falenópsis;
- **as que suportam temperaturas frescas** (de 14 °C a 16 °C à noite; as diferenças de dia/noite podem chegar a 7 °C): *C. massangeana*, *C. mooreana*, *C. ovalis*, etc. À noite, coloque-as em um espaço fresco (sacada, proximidade imediata de janelas, etc.) ou deixe-as em um local fresco. Você pode colocá-las junto aos zigopétalos que têm necessidades semelhantes;
- **as que preferem o frio** (de 15 °C a 20 °C de dia e de 8 °C a 14 °C à noite, com uma diferença de dia/noite de 8 °C a 10 °C): *C. cristata*, etc. Ponha-as em uma sacada, de preferência pouco aquecida, e ao ar livre, na sombra de uma árvore, de dezembro a abril.

A *C. cristata*, a *C. massangeana*, a *C. mooreana* e a *C. virescens* têm facilidade de se desenvolver bem em ambientes interiores.

Você não precisa tutorar as hastes, a não ser que uma delas corra o risco de quebrar. A beleza das celogines está nos arcos de suas hastes florais. Por isso, você as aproveita melhor quando as coloca em um lugar alto ou penduradas.

Após a floração

Podar

Quando as flores estiverem murchas, corte a haste floral o mais próximo possível da base do pseudobulbo do qual nasceu.

Regar

Ao longo de todo o ano para as celogines que gostam do calor, e de outubro a março para as outras, mantenha o substrato sempre úmido. Quando fizer muito calor, as regas podem ser diárias. Molhe a planta com um volume de água equivalente ao do vaso e esvazie o prato depois de deixá-la absorver a água por uma ou duas horas. No inverno, a partir do momento em que os novos pseudobulbos tiverem alcançado um tamanho semelhante ao dos antigos, deixe o substrato secar na superfície entre duas regas, exceto para as celogines que gostam do calor.

Certas celogines vigorosas têm a tendência de produzir pseudobulbos fora de seu vaso. Os novos rebentos lançam então raízes aéreas. Borrife-as diariamente até a próxima troca do vaso.

Dica

No inverno, pouco antes da floração que começa no início da primavera, a *C. cristata* precisa de um período de repouso durante o qual não deve ser regada. Nessa fase, mantenha sua orquídea em uma temperatura ambiente em torno de 10 °C. Você deve retomar as aplicações assim que os pseudobulbos começarem a desenvolver rugas.

Adubar

Durante o período de crescimento dos pseudobulbos (após a floração), adicione um adubo específico para orquídeas (à venda em lojas especializadas) a cada duas regas. Quando os pseudobulbos estiverem "adultos", aplique o adubo apena uma vez a cada três regas. Suspenda o adubo no período de repouso (diminuindo a aplicação até parar as regas).

Replantar

A cada três anos, no máximo, quando se forma um pseudobulbo, tire sua celogine cautelosamente do vaso. Elimine o máximo possível das partículas de substrato presas entre as raízes, sem machucá-las. Espere um pouco pelo desenvolvimento do pseudobulbo, para não o confundir com uma nova haste floral, pois ambos aparecem no mesmo lugar da planta e se parecem muito no início do crescimento.

Lave as raízes com água. Elimine as quebradas, doentes ou apodrecidas. Tire também os restos de pseudobulbos secos. Use sempre uma tesoura de jardinagem limpa e desinfetada.

As celogines não gostam de ser replantadas. Faça-o somente quando o substrato estiver muito desgastado (partículas cada vez menores) ou quando os novos rebentos exteriores forem tantos que ameaçam a estabilidade da planta. Ao trocar o vaso, ofereça a sua orquídea um vaso grande o suficiente para ela crescer por alguns anos sem ser incomodada.

As raízes das celogines são curtas. Para melhorar a fixação dessas orquídeas no substrato, confeccione-lhes raízes artificiais: dobre dois ou três pedaços de arame de um diâmetro médio e com cerca de 20 cm de comprimento em forma de U e os afixe sobre o rizoma na base dos pseudobulbos.

Escolha um vaso com um diâmetro de 3 cm a 5 cm maior que o anterior. Ponha uma camada de alguns centímetros de substrato (ver quadro) bem úmido. Coloque a parte traseira da celogine – o lado oposto ao novo rebento – contra a parede do vaso e a base dos pseudobulbos, cerca de 2 cm abaixo da borda. Enterre na mistura os pseudobulbos que antes tinham saído do vaso e desenvolvido raízes aéreas.

O substrato ideal para as celogines é composto de 60% de casca de pinheiro de granulometria média, 20% de bolinhas de argila de mesma granulometria e 20% de esfagno (tudo à venda em lojas especializadas ou no setor de orquídeas de centros de jardinagem). Umidifique bem a mistura antes de trocar o vaso.

Encha o espaço vazio com o substrato, pressionando de vez em quando uma varinha verticalmente, no lado oposto da planta, para não machucar as raízes e o rizoma. Este último deve ficar visível na superfície.

Espere o nascimento de novas raízes antes de regar. Enquanto isso, limite-se a borrifar a superfície do substrato com água sem calcário, em temperatura ambiente.

Colocar ao ar livre

No verão, as celogines apreciam uma estada ao ar livre: de dezembro a abril para as menos friorentas, até meados de março para aquelas que gostam dos climas temperados. As celogines que precisam de calor, porém, não devem ser colocadas ao ar livre antes do início de janeiro e precisam ser postas dentro de casa depois de meados de fevereiro, sobretudo em regiões de clima mais frio. Coloque-as à sombra de uma árvore com folhagem pouco densa ou no peitoril de uma janela que dê para o sul ou o leste, cuidando para amarrar o vaso a fim de que não caia.

Multiplicar a celogine

É fácil multiplicar as celogines por divisão da touceira, já que, geralmente, seu crescimento é vigoroso. Aproveite a troca do vaso para fazê-lo, pois elas não gostam de ser incomodadas e é melhor juntar as intervenções.

Depois de tirar a planta do vaso e eliminar das raízes o máximo de partículas do substrato, coloque-a sobre um suporte duro. Corte-a em duas partes com uma faca bem afiada e desinfetada, cuidando para não machucar os pseudobulbos. Cada segmento deve conter ao menos 2 ou 3 pseudobulbos maduros e um novo rebento em formação.

As celogines têm raízes curtas, e às vezes é necessário confeccionar-lhes raízes artificiais para segurar o rizoma no vaso (ver p. 60). Coloque cada segmento com o lado oposto ao novo rebento rente à borda do vaso. Encha o espaço vazio com a mesma mistura que você usou na troca do vaso e soque-a com uma varinha inserida verticalmente no lado oposto à planta.

Cimbídio

Os cimbídios híbridos, que são os mais comuns, são parentes das orquídeas originárias das montanhas do Himalaia. Por isso, gostam do clima fresco e de diferenças acentuadas de temperatura entre dia e noite, que são a garantia para uma floração espetacular. Em regiões com invernos amenos (sem temperaturas negativas), podem ficar ao ar livre ao longo de todo o ano.

Espécies e variedades

Há três tipos de cimbídios:

- **miniaturas**, que não passam de 60 cm de altura quando floridos e têm flores pequenas;
- **intermediários**, que, floridos, chegam a 1 m;
- **grandes**, que alcançam 1,50 m na floração e têm flores grandes.

Tipo de crescimento: simpodial com pseudobulbos.

Temperaturas ideais: 15 °C a 30 °C de dia, 5 °C a 20 °C à noite.

Diferença dia/noite: ao menos 10 °C para uma bela floração.

Duração da floração: dois a três meses.

Período da floração: maio a agosto.

Periodicidade da floração: uma vez ao ano.

Cores: rosa, branco, marrom púrpura, amarelo, verde maçã.

O melhor lugar em sua casa: sacada com pouco calor no inverno, mas sem geada, ao ar livre de novembro a abril.

Durante a floração

Acomodar

Durante a floração, o cimbídio pode ser colocado em evidência em sua sala de estar (com temperatura ideal em torno de 18 °C de dia e menos de 16 °C à noite). O melhor lugar é na proximidade de uma janela que permita maior frescor. Coloque a base da planta na altura da janela, pois os pseudobulbos (na base das folhas) são os que mais precisam de luz.

Dica

Quando você compra um cimbídio em flor, ele às vezes vem plantado em um substrato que retém muita água, ou seja, que fica embebido na água de rega, porque, na estufa, o vaso foi regado por meio de um conta-gotas. Assim que suas flores estiverem abertas, regue-o pouco, mas regularmente, para que não resseque, e o replante em um substrato mais adequado após o fim da floração, quando aparecem novos rebentos.

Tutorar

As novas hastes florais, muito quebradiças, têm a tendência de crescer na horizontal. Endireite-as quando tiverem alguns centímetros, colocando contra elas um objeto levemente inclinado para o alto (graveto, arame, etc.), para levantar sua extremidade.

Você reconhece as hastes florais pela sua forma quando tiverem uns 10 cm, pois, a partir desse tamanho, elas ficam redondas. Os novos rebentos achatados produzem somente folhas.

Quando a haste floral tiver cerca de 20 cm a 30 cm de altura, substitua a estaca por uma varinha sólida com comprimento de uns 3/4 das hastes florais (de 70 cm a 1,50 m, segundo as variedades). Em sua extremidade superior, faça uma fenda de 3 cm a 4 cm.

Amarre um barbante na base da nova haste, passe-o pela varinha, subindo em espiral em torno dela para segurar a haste floral. Prenda a extremidade do barbante na fenda da varinha e faça um nó.
De acordo com o crescimento, você formará outras voltas em torno da haste floral, soltando o barbante na ponta.

Quando abrirem as primeiras flores, você pode substituir o barbante por pequenos clips mais decorativos ou arames revestidos de plástico que são mais discretos. Não aperte muito a haste floral, para não a estrangular e prejudicar a alimentação das flores.

Após a floração

Podar

Elimine sucessivamente as flores murchas de cada haste floral, pois, se permanecerem, farão as outras murcharem mais rapidamente. Quando todas as flores estiverem murchas, tire a haste floral o quanto antes, puxando-a para você com um movimento rápido; ela quebrará cerca de 10 cm acima de sua base.

É importante que todos os pseudobulbos recebam bastante luz, inclusive os que se localizam no centro da planta. Após a floração, não deixe de eliminar algumas folhas do coração da planta, caso ela esteja muito densa. Como no caso das hastes florais, basta puxá-las contra você com um movimento rápido.

Regar

Regue o cimbídio com muita água uma ou duas vezes por semana quando fizer muito calor no verão. Deixe o vaso embeber-se na água por algumas horas, depois tire o excesso. O vaso deve estar perceptivelmente mais pesado após a rega, o que mostra que o substrato está bem reidratado. Quando as temperaturas ficam mais baixas, no outono, você pode espaçar as regas para uma vez a cada quinze dias.

Adubar

Quando aparecerem os novos rebentos após a floração, adicione à água de rega um adubo rico em nitrogênio, uma semana sim, uma semana não, até as novas folhas ficarem do mesmo tamanho das antigas.

Três meses antes da provável data da floração (quase sempre na mesma época, todos os anos), adicione à água de rega um adubo pobre em nitrogênio (para plantas em flor), uma vez sim, uma vez não, até que as primeiras flores abram.

Replantar

As raízes do cimbídio não gostam de ser revolvidas. Por isso, replante-o somente a cada três anos quando as raízes estiverem ocupando todo o vaso. Logo após o aparecimento de novos rebentos, tire a orquídea do vaso. Como as raízes do cimbídio são fortes, às vezes será preciso recortar o vaso ou rolá-lo sobre uma mesa, fazendo força para desprender o conjunto das raízes das paredes.

Tire das raízes o máximo de substrato. Reduza as raízes em 1/3 de seu tamanho e elimine raízes macias ou secas. Tire também os pseudobulbos mais antigos no centro do cacho das folhas. Puxe-os para cima, pegando-os firmemente perto de sua base. É a forma mais fácil de soltá-los.

Escolha um vaso bastante grande para que o cimbídio possa crescer nele por três anos sem ficar comprimido. Encha o vaso com alguns centímetros da mistura recomendada (ver quadro). Coloque o cimbídio com o lado oposto aos novos rebentos próximo à borda do vaso.

Encha o espaço vazio com a mistura recomendada, socando-a fortemente com uma vara, longe das raízes.
Não a regue – nem a coloque ao ar livre – antes do nascimento de novas raízes (cerca de três a quatro semanas). Limite-se a borrifar a superfície do substrato na base da planta diariamente.

O cimbídio é uma orquídea muito gulosa. O substrato de cultivo ideal é composto de 70% de casca de pinheiro de granulometria média, 20% de espuma de poliuretano e 10% de terra vegetal. Umidifique bem a mistura antes de replantar a orquídea.

Acomodar

No outono, quando o cimbídio deve ficar dentro de casa, protegido de geadas, coloque-o em uma estufa ou em uma sacada não muito quente (temperatura ideal: menos de 16 °C) até que apareçam as primeiras flores.

Para florir, o cimbídio precisa de um clima fresco. A estada ao ar livre é obrigatória de meados de novembro até as primeiras geadas, em um local luminoso do jardim (com sol de manhã ou à tardezinha, mas não nas horas mais quentes do dia). Atenção a caracóis e lesmas: não coloque o vaso no solo e proteja seu entorno com grânulos ou com uma rede contra lesmas. Proteja a planta de chuvas fortes. Coloque seu cimbídio, por exemplo, debaixo de um telhado prolongado ou um toldo sobre a porta de entrada.

Multiplicar o cimbídio

O cimbídio é reproduzido a partir de um pseudobulbo antigo, despido de folhas e de raízes, ou ainda pela divisão da touceira quando esta alcança um tamanho bastante grande. No primeiro caso, será preciso esperar dois a três anos até a primeira floração da nova orquídea. Uma orquídea criada por divisão pode florir já a partir do ano seguinte.

Por divisão

Na hora de trocar o vaso da orquídea, corte seu rizoma em duas ou três partes. Para poder crescer, cada parte deve conter três pseudobulbos, raízes e um novo rebento. Plante as partes na mesma mistura de antes, encostando a parte oposta ao novo rebento na parede do vaso.

Usando um pseudobulbo como estaca

Durante a troca do vaso, separe pseudobulbos sem folhas, mas não murchos, puxando-os de baixo para cima. Coloque-os verticalmente sobre uma camada de areia bem úmida, enterrando apenas sua base.

Cubra os vasos com um plástico transparente ou uma campânula e coloque o conjunto em um local bastante iluminado. O novo rebento aparecerá primeiro na base do pseudobulbo, depois virão as raízes. Quando elas estiverem bem visíveis, você pode replantar os rebentos individualmente no substrato e cuidar das estacas da mesma forma como do cimbídio do qual foram tiradas.

Dendróbio

Originária do sopé do Himalaia, essa orquídea e seus numerosos híbridos são apreciados como plantas floridas em todas as partes do mundo. Suas hastes carnudas maleáveis produzem buquês de grandes flores de cores aveludadas, inseridas nas axilas das folhas nas hastes muito curtas e, no caso de certas variedades, levemente perfumadas. Também é conhecida como olho de boneca e dendróbio de capuz.

Espécies e variedades

Há numerosos híbridos, uns mais floridos do que os outros.

Tipo de crescimento: simpodial com hastes carnudas maleáveis.

Temperaturas ideais: 12 °C a 20 °C de dia, 8 °C a 14 °C à noite.

Diferença dia/noite: 8 °C a 10 °C.

Duração da floração: um a dois meses.

Período da floração: julho a agosto, na maioria das vezes.

Periodicidade da floração: anual, ou menos.

Cores: branco, amarelo, laranja, rosa e magenta.

O melhor lugar em sua casa: janelas que dão para o norte, o nordeste ou o noroeste.

Durante a floração
Acomodar

Quando o dendróbio está em flor, precisa de um clima fresco (12 °C a 16 °C). O melhor local para colocá-lo é perto de uma janela ou em uma sacada com pouco calor. Coloque seu vaso na altura do vidro para que a superfície do substrato fique bem iluminada.

No fim da floração, caem as folhas da haste que floresceu. No entanto, não corte-a, pois ela servirá à planta de reserva.

Após a floração

Podar

Espere as flores secarem para eliminá-las à mão. Elas se destacam sozinhas.

Regar

Mergulhe o vaso em um balde de água sem calcário, em temperatura ambiente, a cada quinze dias quando as hastes tiverem terminado seu crescimento e até o nascimento de novos rebentos. Aumente o ritmo das regas para uma vez por semana durante o crescimento das hastes. Deixe a água escorrer antes de recolocar a orquídea em seu cachepô.

Um sinal de que novas hastes chegaram ao fim de seu crescimento é quando surge no seu topo uma pequena folha mais arredondada do que as outras que cresceram em pares ao longo da haste.

Adubar

Somente durante o período de crescimento das novas hastes (ver p. 77), adicione à água de rega um adubo equilibrado (tipo 10-10-10) específico para orquídeas (à venda em lojas especializadas).

Dica

Se você continuar a aplicação do adubo após o amadurecimento das hastes, elas produzirão *keikis*, isto é, novos rebentos com folhas, em vez de flores. O mesmo ocorre se você não colocar o dendróbio em um local fresco (menos de 15 °C, pelo menos durante uma hora por dia, ao longo de 45 dias) entre o fim do crescimento e a floração. Cuidado, esses *keikis* enfraquecem a planta!

Tutorar

As hastes carnudas maleáveis precisam de um apoio individual. Sem ele, têm a tendência de cair e correm o perigo de quebrar na base, por causa do seu próprio peso. Quando as novas hastes alcançam cerca de 12 cm a 15 cm, amarre-as juntas a uma única varinha colocada no centro da planta. Esta é a maneira mais discreta. Você pode sustentá-las também com a ajuda de varinhas individuais.

Cuidado para não apertar e machucar as hastes com o barbante.

Replantar

A cada dois anos, aproximadamente, quando as hastes ocuparem todo o vaso ou quando cair o nível do substrato (decomposição), após o nascimento dos novos rebentos, retire as eventuais varinhas e tire seu dendróbio cautelosamente do vaso. Elimine o máximo possível das partículas de substrato presas entre as raízes, sem machucá-las.

Você pode também eliminar as hastes mais antigas (somente uma ou duas), geralmente enrugadas, cortando-as da planta com uma tesoura de jardinagem bem afiada.

Para o substrato, misture cerca de 60% a 70% de casca de pinheiro de granulometria média e 30% a 40% de bolinhas de argila, também de granulometria média. Umidifique bem a mistura antes de trocar o vaso.

Escolha um vaso apenas 1 cm maior ou use o mesmo vaso, mas desinfetado. Ponha uma camada de alguns centímetros de substrato bem úmido (ver quadro na p. 79). Coloque o lado oposto dos novos rebentos contra a parede do vaso, e o rizoma (a parte que liga as diferentes hastes) 2 cm abaixo da borda.

Encha o espaço vazio com o substrato, socando-o de vez em quando com uma varinha inserida verticalmente no lado oposto da planta para não machucar as raízes e o rizoma. Este último deve ficar visível na superfície.

Antes de regar a planta, espere o lançamento de novas raízes, duas a três semanas mais tarde. Nesse meio-tempo, limite-se a borrifar a superfície do substrato com água sem calcário em temperatura ambiente.

Não se esqueça de tutorar a nova planta após a troca do vaso.

Multiplicar o dendróbio

O dendróbio pode ser reproduzido ao tirar os numerosos *keikis* (novos rebentos com folhas) que aparecem espontaneamente nas hastes. Faça-o no período de crescimento após a floração, quando as novas hastes estão se desenvolvendo.

Quando o *keiki* que se formou na haste tiver raízes suficientes, corte-o com uma faca fina e bem afiada, sem machucar a haste. Se as raízes estiverem muito compridas, coloque-as na água por alguns minutos para que fiquem macias e possam ser plantadas com maior facilidade.

Plante os *keikis* na mesma mistura usada para a planta grande (ver quadro na p. 79). Como na troca do vaso, espere o lançamento de novas raízes antes de regar, borrifando-os nesse meio-tempo.

Dendróbio-falenópsis

Antigamente, essa orquídea, cultivada na Ásia em grande escala, era muito usada para flores de corte. Há alguns anos, porém, ela pode ser encontrada também como planta de vaso. Suas hastes carnudas, bojudas e bem verdes e suas folhas carnudas reforçam o charme de suas flores. Também é conhecida como denfale.

Espécies e variedades

Existem numerosos híbridos.

Tipo de crescimento: simpodial com hastes carnudas rígidas.

Temperaturas ideais: 18 °C a 35 °C (dia ou noite).

Diferença dia/noite: 3 °C a 5 °C.

Duração da floração: um a dois meses.

Período da floração: julho a dezembro, na maioria das vezes.

Periodicidade da floração: variável.

Cores: branco, amarelo, rosa e magenta.

O melhor lugar em sua casa: janela de sacada que dê para o norte, o nordeste ou o noroeste.

Durante a floração

Acomodar

Para garantir a estabilidade de sua orquídea, coloque seu vaso (bastante pequeno em comparação com a planta) em um cachepô alto. Acrescente no seu fundo alguns seixos grandes para aumentar o peso e estabilizar a borda superior do vaso da orquídea para que fique acima da borda do cachepô.

Posicione o vaso de modo que a superfície do substrato fique bastante iluminada, bem na altura da janela. As novas hastes que aparecem na base da orquídea devem ficar voltadas para a luz.

Regar

Durante a floração, imerja o vaso uma vez a cada dez dias em um balde de água sem calcário, em temperatura ambiente, por alguns minutos. Depois, deixe a água escorrer antes de colocar a orquídea de volta no seu cachepô. Aumente o ritmo das regas para uma vez por semana quando aparecerem novos rebentos (após a floração).

Se o dendróbio-falenópsis receber água em demasia, suas folhas ficarão amareladas – primeiramente nas hastes mais velhas e, depois, nas mais novas que estão com flores.

Após a floração

Podar

Elimine sucessivamente as flores murchas, de baixo para cima. Quando as hastes florais estiverem completamente murchas, corte-as o mais próximo possível de sua base.

Regar

Entre as regas, borrife a superfície do vaso uma vez por semana (especialmente em caso de muito calor) com água sem calcário, principalmente quando as hastes estiverem enchendo todo o vaso, pois, nessa fase, elas produzem, na superfície do substrato, novas raízes, sujeitas a ressecamento.

Hastes carnudas rígidas não precisam sempre de um apoio individual. Se você precisar apoiá-las mesmo assim, tenha cuidado para não apertar as hastes com o barbante.

Adubar

Durante o período de crescimento das novas hastes, ou seja, após a floração, adicione um adubo equilibrado (do tipo 10-10-10), específico para orquídeas (à venda em lojas especializadas), a cada segunda rega. Assim que as novas hastes produzirem no topo uma pequena folha redonda – que anuncia o fim do crescimento – e até o aparecimento das flores, use no mesmo ritmo um adubo específico para orquídeas em flor.

Replantar

Replante o dendróbio-falenópsis o menos possível, somente quando muitas raízes estiverem saindo do vaso. Quando estiver se formando pelo menos uma nova haste, após a floração, tire sua orquídea cautelosamente do vaso. Elimine o máximo possível das partículas de substrato presas entre as raízes, sem machucá-las.

Você pode também eliminar as hastes mais antigas (somente uma ou duas) que não passam de 10 cm a 12 cm de comprimento, cortando-as da planta com uma tesoura de jardinagem bem afiada.

Escolha um vaso apenas 1 cm mais largo que o antigo. Ponha uma camada de alguns centímetros de substrato (ver quadro) bem úmido. Coloque o lado oposto dos novos rebentos contra a parede do vaso, e o rizoma (a parte que liga as diferentes hastes) 2 cm abaixo da borda.

O dendróbio-falenópsis não é exigente acerca da qualidade do seu substrato. Misture aproximadamente 60% a 70% de casca de pinheiro de granulometria média e 30% a 40% de bolinhas de argila da mesma granulometria. Umidifique bem a mistura antes de trocar o vaso.

Aos poucos, encha o espaço vazio com o substrato, socando-o com uma varinha inserida verticalmente no lado oposto da planta para não machucar as raízes e o rizoma. Este último deve ficar acima da superfície.

Para evitar quedas, apoie as hastes: coloque uma varinha sólida bem próxima ao centro da planta, sem machucar o rizoma. Junte as hastes com a varinha, amarrando-as em forma de 8 com um barbante maleável, por exemplo, de ráfia.

Espere o lançamento de novas raízes, duas a três semanas mais tarde, antes de regar. No meio-tempo, limite-se a borrifar a superfície do substrato com água sem calcário em temperatura ambiente.

A troca do vaso após a floração é o melhor remédio para regas excessivas durante esse período, para folhas amareladas ou quedas por causa de folhas inoportunas.

Multiplicar o dendróbio-falenópsis

O dendróbio-falenópsis pode ser reproduzido por estacas feitas das hastes ou por separação de novos rebentos que aparecem espontaneamente nas hastes. Seja qual for o método, aplique-o no período de crescimento após a floração, quando se desenvolvem as novas hastes.

Escolha uma haste de dois anos. Separe-a da planta-mãe, por exemplo, quando você trocar o vaso. Corte-a em partes entre os nós (as partes mais grossas da haste da qual saem as folhas).

Coloque as partes sobre musgo ou areia, que devem estar sempre úmidos, e deixe-as em um local com temperatura de 20 °C a 25 °C e atmosfera úmida, até o nascimento de novos rebentos. O ideal é colocá-las em uma miniestufa aquecida, em um local bem iluminado.

Quando o novo rebento que nasceu na haste tiver mais de 10 cm e raízes suficientes, corte-o com uma faca fina bem afiada, sem machucar a haste da qual está saindo. Plante as novas orquídeas na mesma mistura da planta--mãe. Como na troca do vaso, espere o lançamento de novas raízes antes de regar e apenas borrife o substrato nesse período.

Epidendro

Originários da América tropical e subtropical, os epidendros gostam de calor e de ambientes úmidos. Contudo, os que encontramos com maior frequência são capazes de se adaptar a condições de cultivo um pouco menos favoráveis. Seus pseudobulbos, muito alongados e com folhas em toda sua extensão, lembram as hastes do bambu. Apelidos: orquídea estrela, orquídea crucifixo.

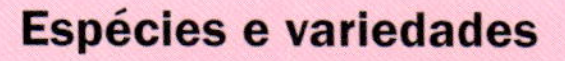

Espécies e variedades

E. difforme, *E. ibaguense* (terrestre), *E. latifolium*, *E. pseudepidendrum*, *E. radicans* (terrestre).

Tipo de crescimento: simpodial com pseudobulbos em forma de hastes um pouco bojudas.

Temperaturas ideais: 18 °C a 25 °C de dia, 14 °C a 16 °C à noite.

Diferença dia/noite: 5 °C a 7 °C.

Duração da floração: um a dois meses.

Período da floração: do verão ao outono.

Periodicidade da floração: variável.

Cores: branco, rosa, amarelo, laranja, vermelho.

O melhor lugar em sua casa: janela de sacada que dê para o norte.

Durante a floração

Acomodar

Entre meados de setembro e meados de abril, coloque uma persiana ou uma cortina entre o seu epidendro e a janela para protegê-lo do sol entre 11h e 16h. Coloque o vaso de maneira que a superfície do substrato fique bem iluminada, na altura da janela.

Regar

Cada vez que a superfície do substrato ficar seca, imerja o vaso por alguns minutos em um balde de água sem calcário, em temperatura ambiente, e deixe a água escorrer antes de colocar a orquídea de volta em seu cachepô.

Fora dos períodos de crescimento de novos pseudobulbos, você pode deixar o substrato secar mais (ele ficará mais leve) entre duas regas, mas os pseudobulbos não devem criar rugas.

Mantenha uma atmosfera bastante úmida em torno de seu epidendro, colocando próximo dele uma fonte decorativa ou um nebulizador de interior, pois essa orquídea gosta de uma umidade ambiente de 50% a 60%.

Após a floração
Podar

Elimine sucessivamente as flores murchas, de baixo para cima. Quando todas elas forem retiradas, corte as hastes florais o mais próximo de sua base.

Adubar

Durante o período de crescimento dos novos rebentos (após a floração), adicione um adubo específico para orquídeas (à venda em lojas especializadas) a cada segunda rega. Depois, quando os novos rebentos tiverem alcançado um tamanho semelhante aos que já floresceram (em altura e diâmetro), use-o a cada três regas.

Replantar

A cada dois anos, no momento em que ao menos um novo pseudobulbo estiver se formando, tire seu epidendro cautelosamente do vaso. Elimine o máximo das partículas de substrato presas entre as raízes, sem machucá-las.

Os epidendros dividem-se em dois grupos:

- **os terrestres**, cultivados em uma mistura de 30% de casca de pinheiro de granulometria média, 40% de terra vegetal, 20% de bolinhas de argila expandida e 10% de areia;
- **os epífitos**, que preferem uma mistura de 80% de casca de pinheiro de granulometria média e 20% de bolinhas de argila da mesma granulometria. Umidifique bem a mistura antes de trocar o vaso.

Elimine os pseudobulbos secos (enrugados), ou um ou dois dos mais antigos que já perderam suas folhas, cortando-os da planta com uma tesoura de jardinagem bem afiada.

Escolha um vaso de um diâmetro de 1 cm a 2 cm maior que o anterior. Ponha uma camada de alguns centímetros de substrato (ver quadro na p. 94) bem úmido. Coloque a planta no centro, com o rizoma (a parte que liga os diferentes pseudobulbos) 2 cm abaixo da borda.

Encha o espaço vazio com o substrato, socando-o de vez em quando com uma varinha inserida verticalmente no lado oposto da planta, para não machucar as raízes e o rizoma. Este último deve ficar acima da superfície.

Após a troca do vaso, apoie as hastes, amarrando-as juntas em uma varinha. Use um barbante maleável do tipo ráfia.

Espere o lançamento de novas raízes, duas a três semanas mais tarde, antes de regar. Limite-se, no meio--tempo, a borrifar a superfície do substrato com água sem calcário em temperatura ambiente.

Multiplicar o epidendro

O epidendro pode ser reproduzido por divisão da touceira inicial de pseudobulbos assim que estiver bastante denso. O período de crescimento, quando aparecem novas hastes bambusiformes, é o mais favorável.

Na troca do vaso, use uma tesoura de jardinagem ou uma faca bem afiada e desinfetada com álcool para cortar a planta em duas ou três partes que devem conter: hastes que já floresceram, mas que ainda estejam bem verdes, raízes e ao menos um novo rebento.

Plante cada parte imediata e separadamente, como indicado nas pp. 94-96. Coloque-as em um lugar com condições de vida ideais. Borrife a superfície do substrato para mantê-lo bem úmido até o nascimento das novas raízes. Depois, cultive cada novo epidendro da mesma maneira que a planta adulta.

Falenópsis

Ajustes em sua reprodução *in vitro* durante os anos 1980 permitiram o desenvolvimento dessa orquídea de flores espetaculares e de duração excepcional. Sua grande capacidade de adaptação facilita seu cultivo na maioria de nossos interiores. Muitas vezes, a falenópsis é a primeira orquídea que alguém cultiva, o início de uma coleção... Ela também é conhecida como orquídea borboleta.

Tipo de crescimento: monopodial.

Temperaturas ideais: 22 °C a 30 °C de dia, 18 °C a 25 °C à noite.

Diferença dia/noite: 2 °C a 5 °C.

Duração da floração: dois meses no mínimo ou bem mais.

Período da floração: todo o ano.

Periodicidade da floração: variável.

Cores: todas, exceto azul.

O melhor lugar em sua casa: janela de sacada que dê para o leste ou o sudeste.

Espécies e variedades

As variedades híbridas da falenópsis já são incontáveis e vêm, por exemplo, com mais flores e florações, com flores maiores e em cores surpreendentes. Existem até mesmo variedades miniaturas que não passam de 10 cm a 15 cm de altura.

Durante a floração

Acomodar

As falenópsis gostam de um ambiente com boa umidade, sobretudo para suas raízes, que geralmente saem do vaso. Coloque o vaso em uma bandeja cheia de bolinhas de argila úmidas. Ponha um pedaço de tela entre a base do vaso e as bolinhas, para que elas não obstruam os furos de drenagem, bastante grandes, no fundo do vaso.

Os vasos transparentes geralmente usados para as falenópsis permitem verificar a qualquer momento o estado das raízes: elas apodrecem rapidamente quando há excesso de água ou diluição do substrato. Se você notar esses danos, a troca do vaso será urgente.

Se você quiser usar um cachepô com sua falenópsis, ele deve ser de um diâmetro pelo menos dois dedos maior do que o do vaso e ao menos 5 cm a 6 cm mais alto. A borda do vaso deve ficar no mesmo nível da borda do cachepô: levante-o com uma palha de aço amassada em forma de bola grossa. Assim, o ar circulará bem em torno das raízes.

Tutorar

Para aumentar a estabilidade da planta e destacar a beleza das flores, recomenda--se tutorar a haste floral. Quando o botão inferior da haste tiver o tamanho de uma ervilha, insira uma varinha o mais próximo possível da haste, sem machucar as raízes. Afixe-a em dois pontos com clipes de arame, por exemplo, abaixo da primeira flor. A varinha deve ser colocada pouco antes do desabrochamento, já que as flores murcharão mais rapidamente se sua posição for modificada durante a floração.

Após a floração

Podar

Corte as hastes florais acima da segunda ou terceira protuberância, contada de baixo, quando elas estiverem completamente murchas. Em 80% dos casos, uma dessas protuberâncias (também chamadas de nós) lançará dois ou três meses depois uma ramificação que portará flores. Após essa segunda floração, corte a haste floral ramificada o mais próximo possível de sua base.

Dica

As flores murchas caem sucessivamente. Portanto, não é preciso removê-las.

Regar

Aplique uma vez por semana água sem calcário em temperatura ambiente, em um volume equivalente ao volume do vaso. Deixe a planta absorver a água por alguns minutos, depois a deixe escorrer antes de colocar a orquídea de volta em seu cachepô. Não deixe o substrato secar: as folhas espessas não devem amolecer entre duas regas.

Dica

Na natureza, a falenópsis vive agarrada de cabeça para baixo nos galhos das árvores. O coração das folhas nunca é atingido pelas chuvas e outras intempéries. Portanto, durante as regas ou vaporizações, não molhe o centro da planta para reduzir o risco de um rápido apodrecimento.

É normal que as folhas amarelem e sequem na base da planta. Dificilmente uma falenópsis apresentará mais de quatro a seis folhas bem desenvolvidas ao mesmo tempo. À medida que ela cresce, as mais antigas morrem.

Quando estiver calor – inclusive no inverno, se houver calefação –, borrife o verso das folhas com água sem calcário em temperatura ambiente. As falenópsis em miniatura, mais sensíveis ao ar seco, são as que mais apreciam esse tratamento.

Adubar

Durante todo o ano, exceto entre o fim da floração e o nascimento de novos rebentos, adicione um adubo específico para orquídeas (à venda em lojas especializadas) à água de rega, a cada duas vezes da primavera até o outono e a cada três vezes no inverno.

Você terá mais chance de conseguir uma segunda floração ao ano se usar um adubo especial para "orquídeas em flor" desde o fim do crescimento até o aparecimento de novas folhas, após a floração.

Replantar

Trocar o vaso regularmente não é indispensável. Quando as raízes estiverem enchendo todo o vaso e mostrarem sinais de apodrecimento (por causa do excesso de água ou do substrato em desagregação), na primavera ou no verão, após a floração, tire sua falenópsis cautelosamente do vaso. Elimine o máximo de partículas do substrato presas entre as raízes, sem machucá-las.

Não corte as raízes que saem do vaso, exceto ao trocá-lo, mesmo se parecerem secas, pois não estão necessariamente mortas.

Elimine raízes amolecidas, secas ou apodrecidas, cortando-as o mais próximo possível de sua base com uma tesoura de jardinagem bem afiada e desinfetada. Lembre-se também de desinfetar a tesoura depois.

As falenópsis são cultivadas em uma mistura de 80% de casca de pinheiro de granulometria média e 20% de bolinhas de argila expandida. Você pode acrescentar um pouco de esfagno para aumentar a umidade da mistura, mas cuidado com o excesso de água! Lembre-se de umidificar a mistura antes de usá-la.

Encha um vaso apenas um pouco maior que o anterior de substrato bem úmido (ver quadro), até 2 cm abaixo da borda. Coloque a planta no centro do vaso. Encha-o com o mesmo substrato sem cobrir a base da orquídea (o ponto em que nascem as folhas). De vez em quando, soque o substrato inserindo uma varinha verticalmente.

Espere o lançamento de novas raízes, duas ou três semanas mais tarde, antes de regar. Limite-se, no meio-tempo, a borrifar a superfície do substrato com água sem calcário em temperatura ambiente, sem molhar o coração da planta.

Multiplicar a falenópsis

As falenópsis podem produzir em sua haste floral não só flores, mas também novos rebentos com folhas e raízes (*keikis*), a partir dos quais podem ser reproduzidas. O nascimento desses *keikis* é favorecido por uma adubação muito rica em nitrogênio ou por um enfraquecimento geral da planta. Certas variedades são mais aptas a produzi-los do que outras. Em casos bastante raros, quando a planta está muito enfraquecida, ela poderá produzir um novo rebento em forma de corneta na base da haste existente, que pode ser separado da planta na hora de trocar o vaso. Seja qual for a origem do novo rebento, o procedimento é o mesmo.

Quando a nova planta tiver raízes de 12 cm a 15 cm, corte-a com uma faca bem afiada e desinfetada com álcool. Plante-a imediatamente no mesmo substrato usado em uma troca normal do vaso.

Fragmipédio

Originários da América Central e do norte da América Latina, os fragmipédios caracterizam-se por suas longas pétalas onduladas que envolvem a corola e se parecem muito com o pafiopédilo ("sapatinho"). Estão bem adaptados aos interiores, mas não suportam água com calcário e períodos secos, mesmo passageiros, em torno de suas raízes.

Espécies e variedades

A família dos fragmipédios conta com numerosos híbridos de formas e cores muito variadas. A recente descoberta do *Phragmipedium besseae* acrescentou novas tonalidades mais vivas e mais quentes: amarelo-alaranjado e laranja para vermelho.

Tipo de crescimento: simpodial sem pseudobulbos.

Temperaturas ideais: 18 °C a 25 °C de dia, 15 °C a 16 °C à noite.

Diferença dia/noite: 7 °C a 8 °C.

Duração da floração: seis a doze semanas.

Período da floração: todo o ano.

Periodicidade da floração: variável.

Cores: vermelho vivo, alaranjado, amarelo, amarelo-verde, marrom, verde pálido.

O melhor lugar em sua casa: uma janela para o sudeste ou o leste.

Durante a floração

Acomodar

Os fragmipédios precisam permanentemente de uma atmosfera com 60% a 80% de umidade, pois são originários de regiões muito chuvosas em todas as estações. Coloque o seu ao lado de uma pequena fonte decorativa de interiores, que lhe proverá essa importante umidade.

Dica

Uma luz muito intensa deixa as folhas anormalmente amarelas. Uma luminosidade muito fraca privará você de flores.

Podar

As flores abrem, em geral, sucessivamente de baixo para cima, e sempre só uma por vez. Remova as flores que já murcharam se não caírem naturalmente. No fim da floração, corte a haste floral o mais próximo possível de sua base.

Não perturbe seu fragmipédio em flor: as ligações das flores na haste floral são finas e frágeis, e quebram facilmente. Por isso, ao comprar essa orquídea, as hastes florais vêm com varinhas, mas esse apoio não é mais necessário assim que ela tiver encontrado seu lugar em casa.

Após a floração

Regar

Não deixe o substrato secar, nem mesmo na superfície. Uma vez por semana, ao longo de todo o ano (essa orquídea não observa períodos de repouso), imerja o vaso em um balde de água sem calcário em temperatura ambiente. Não molhe as flores. Deixe a água escorrer por alguns minutos antes de colocar o fragmipédio de volta a seu lugar.

No verão, em períodos de forte calor, coloque o vaso em um prato que possa receber de 1 cm a 2 cm de água. Quando a água tiver evaporado, espere um dia antes de repô-la.

Dica

Se a água aplicada não convier à sua orquídea (muito calcário) ou se a dose de adubo for muito alta, as pontas de suas folhas ficarão marrons.

Adubar

Ao longo de todo o ano, adicione um adubo específico para orquídeas (à venda nas lojas especializadas) à água, no máximo uma vez a cada três regas. Deixe passar pelo menos duas regas sem adubo entre duas aplicações.

No verão, o fragmipédio (quando não estiver em flor) pode ficar ao ar livre, à sombra de uma árvore, desde que as temperaturas noturnas não fiquem abaixo dos 15 °C. Monitore a temperatura com um termômetro que indique temperaturas mínimas e máximas.

Replantar

Todos os anos, fora dos períodos de forte calor, quando aparecer um novo rebento, remova seu fragmipédio cautelosamente do vaso. Tire o máximo possível das partículas de substrato presas nas raízes, sem machucá-las.

Lave as raízes com água. Elimine raízes quebradas, doentes ou apodrecidas, se houver. Use sempre uma tesoura de jardinagem própria e desinfetada.

Escolha um vaso apenas um pouco maior que o anterior. Encha-o de substrato bem úmido (ver quadro) até 2/3 da altura do vaso. Coloque o fragmipédio no centro e encha o espaço vazio com o substrato sem cobrir a base das folhas.

O substrato ideal para o fragmipédio é composto de 60% de casca de pinheiro de granulometria fina, 10% de bolinhas de argila da mesma granulometria e 30% de esfagno (tudo à venda em lojas especializadas ou no setor de orquídeas de centros de jardinagem). Umidifique bem a mistura antes de trocar o vaso.

Soque o substrato de vez em quando, inserindo uma varinha verticalmente nas paredes do vaso para não machucar as raízes da orquídea. Espere o lançamento de novas raízes antes de regar. Limite-se, no meio-tempo, a borrifar a superfície do substrato com água sem calcário em temperatura ambiente.

Multiplicar o fragmipédio

Embora o crescimento do fragmipédio seja lento, ele chega a formar touceiras densas. Divida a planta ao trocar o vaso.

Depois de remover a planta do vaso e eliminar de suas raízes o máximo possível de partículas de substrato, destaque à mão as duas metades do fragmipédio. Será fácil, e você não precisará usar uma faca ou uma tesoura de jardinagem. Se for necessário cortar a orquídea, faça-o entre os cachos das folhas, mas não corte um cacho. Para ter uma floração bastante rápida, cada pedaço deve conter dois cachos vigorosos de folhas bem desenvolvidas e um novo rebento.

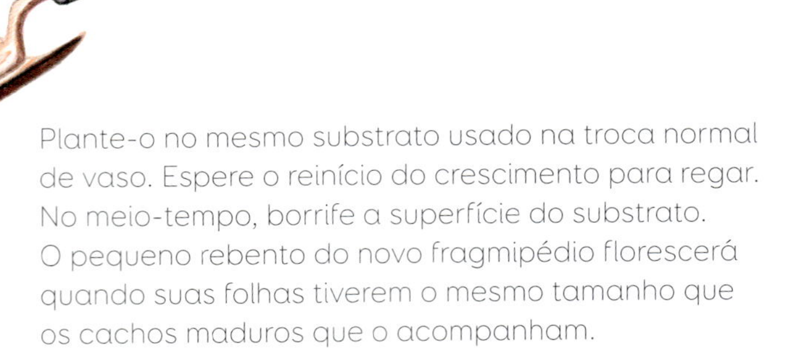

Plante-o no mesmo substrato usado na troca normal de vaso. Espere o reinício do crescimento para regar. No meio-tempo, borrife a superfície do substrato. O pequeno rebento do novo fragmipédio florescerá quando suas folhas tiverem o mesmo tamanho que os cachos maduros que o acompanham.

Lélia

A maioria das lélias, que estão entre as orquídeas mais fáceis de serem cultivadas em interiores, pode viver nos mesmos ambientes que as catleias. É fácil cruzar as duas espécies para produzir plantas híbridas, chamadas de leliocatleias.

Espécies e variedades

L. tenebrosa, *L. purpurata* e suas variedades, *L. harpophylla*.

Tipo de crescimento: simpodial com pseudobulbos dotados de capa protetora.

Temperaturas ideais: 18 °C a 27 °C de dia, 11 °C a 16 °C à noite.

Diferença dia/noite: 5 °C a 8 °C.

Duração da floração: três a quatro semanas.

Período da floração: primavera, verão e, às vezes, outono.

Periodicidade da floração: variável.

Cores: branco, rosa, laranja, lilás.

O melhor lugar em sua casa: janela ou sacada que dê para o norte.

Durante a floração

Acomodar

Quanto mais espessas forem as folhas da lélia, maior será a quantidade de luz de que a respectiva variedade precisa. Para assegurar-se de que não irá errar, o melhor lugar para colocá-la é o peitoril de uma janela que dê para o norte, e conte com uma persiana a partir de meados de setembro até meados de abril.

Regar

Cada vez que a superfície do substrato estiver seca, imerja o vaso por alguns minutos em um balde de água sem calcário, em temperatura ambiente, depois deixe a água escorrer antes de colocar a orquídea de volta em seu cachepô.

Dica

Após a floração e até o aparecimento de novos rebentos, o substrato precisa secar de 1 cm a 2 cm de profundidade entre duas regas (o vaso fica muito leve).

As lélias precisam de uma umidade de ar perto de 80%. Ponha perto delas uma fonte decorativa de interior ou um nebulizador. Lembre-se de borrifá-las frequentemente quando ficarem ao ar livre e quando fizer muito calor.

Após a floração
Podar

Elimine sucessivamente as flores que murcharam (de baixo para cima) e, quando todas tiverem murchado, corte as hastes florais o mais próximo possível de sua base.

Adubar

Durante o período de crescimento dos novos rebentos, adicione um adubo específico para orquídeas, rico em nitrogênio (à venda em lojas especializadas), a cada segunda rega. Quando os novos pseudobulbos tiverem um tamanho semelhante ao dos que já floresceram (em altura e diâmetro), mude o adubo para uma fórmula específica para plantas em flor e aplique-o apenas em uma de cada três regas.

Não dê adubo durante os meses subsequentes ao fim da floração.

Replantar

A cada dois anos, após o nascimento dos novos rebentos, tire sua lélia cautelosamente do vaso. Elimine o máximo possível das partículas de substrato presas entre as raízes, sem machucá-las.

Elimine os pseudobulbos secos, ou um ou dois entre os mais antigos (que já perderam suas folhas), cortando-os da planta com uma tesoura de jardinagem bem afiada.

O substrato ideal das lélias é uma mistura de 80% de casca de pinheiro de granulometria média e 20% de bolinhas de argila da mesma granulometria. Umidifique bem a mistura antes de trocar o vaso. Para as lélias menores, reduza a quantidade de casca de pinheiro a 60% (de granulometria fina) e adicione 20% de esfagno.

Escolha um vaso com um diâmetro apenas 1 cm mais largo que o anterior. Ponha uma camada de alguns centímetros de substrato bem úmido (ver quadro). Coloque a planta no centro, com o rizoma (a parte que liga os diferentes pseudobulbos) 2 cm abaixo da borda.

Encha o espaço vazio com o substrato, socando-o de vez em quando com uma varinha inserida verticalmente no lado oposto da planta para não machucar as raízes e o rizoma. Este último deve ficar acima da superfície.

Após a troca do vaso, apoie as hastes durante o tempo em que criam raízes, amarrando-as juntas a uma varinha. Use um barbante maleável e macio de tipo ráfia.

Espere o lançamento de novas raízes, duas a três semanas mais tarde, antes de regar. Limite-se, no meio-tempo, a borrifar a superfície do substrato com água sem calcário em temperatura ambiente. Durante o enraizamento, uma forte umidade ambiental é ainda mais essencial.

Multiplicar a lélia

Ela pode ser reproduzida por divisão da touceira inicial assim que estiver muito densa de pseudobulbos. O período de crescimento, quando aparecem novas hastes, é o mais favorável.

Ao trocar o vaso, corte a planta em duas a três partes que devem conter: hastes que já floriram, mas ainda estejam bem verdes, raízes e ao menos um novo rebento. Use uma tesoura de jardinagem ou uma faca bem afiada e desinfetada com álcool.

Plante cada parte imediata e separadamente, como indicado nas pp. 119-121, e deixe-as em condições de vida ideais (principalmente sob alta umidade do ar). Limite-se a borrifar a superfície do substrato para mantê-lo bem úmido até o nascimento das novas raízes. Depois, cultive as novas lélias da mesma maneira que a planta adulta.

Licaste

Originária das florestas úmidas das cordilheiras dos Andes, ela se adapta muito facilmente a apartamentos, desde que não haja excesso de calor. Sua haste floral, de flor única, triangular e com um perfume de canela, aparece na base do pseudobulbo. Sua folhagem é na maioria das vezes obsoleta.

Espécies e variedades

L. cruenta, *L. cochleata*, *L. aromatica*, *L. ciliata* (folhagem perene).

Tipo de crescimento: simpodial com pseudobulbos grossos e bojudos.

Temperaturas ideais: 15 °C a 21 °C de dia, 10 °C a 16 °C à noite.

Diferença dia/noite: 5 °C.

Duração da floração: um a dois meses.

Período da floração: primavera ou verão.

Periodicidade da floração: anual.

Cores: amarelo, verde-amarelo, amarelo-alaranjado, verde-claro, marrom.

O melhor lugar em sua casa: próximo de uma janela com face para o leste.

Durante a floração
Acomodar

Coloque a orquídea no peitoril de uma janela (face leste), próxima ao vidro. Quando estiver com folhas, atenue a luz com uma persiana ou cortina. Já no inverno, quando estiver sem folhas, a persiana pode ser erguida.

Após a floração

Podar

Quando a flor estiver murcha, corte a haste floral o mais próximo possível da base do pseudobulbo.

Regar

Durante o crescimento dos novos rebentos e a formação dos novos pseudobulbos, regue uma vez por semana (ou mais, se for necessário) com água sem calcário. O substrato não deve secar (ficar mais leve): verifique o peso do vaso de vez em quando entre duas regas.

No verão, com o forte calor, borrife abundantemente o verso das folhas para reduzir sua desidratação e eventuais invasões de ácaros.

Os novos rebentos são muito sensíveis ao apodrecimento. Evite molhá-los durante as regas.

Adubar

Durante a formação dos pseudobulbos, adicione à água de rega um adubo equilibrado específico para orquídeas a cada quinze dias. Depois, até a floração, prefira um adubo para orquídeas floridas, rico em potássio. Quando as folhas tiverem caído, no inverno, pare de adubar.

Dica

De dezembro a março, você pode colocar sua orquídea ao ar livre, na sombra de uma árvore, mas com o cuidado de protegê-la dos ataques de lesmas.

Replantar

Aproximadamente a cada dois anos, quando a planta apresentar novos rebentos, retire-a do vaso e elimine com as mãos o máximo possível de substrato preso entre suas raízes. Cuidado ao manusear a planta: os pseudobulbos sem folhas possuem em sua ponta dois espinhos que são resquícios das nervuras de folhas que secaram.

Escolha um vaso largo que permitirá a formação de pelo menos dois pseudobulbos novos (seu crescimento leva dois anos). Encha-o de substrato (ver quadro) até 5 cm abaixo de sua borda. Coloque a planta com os pseudobulbos mais antigos contra a parede do vaso. Encha o espaço vazio com o mesmo substrato, soque-o com uma varinha e regue o vaso abundantemente.

O substrato ideal é uma mistura de 60% de casca de pinheiro de granulometria fina, 30% de esfagno para reter a água e 10% de bolinhas de argila de granulometria pequena. Umidifique bem a mistura antes de colocá-la.

Multiplicar a licaste

Quando a licaste estiver com vários pseudobulbos vigorosos, é possível dividir a planta em duas partes para multiplicá-la. Faça-o durante a troca do vaso.

Corte sua licaste entre dois pseudobulbos com uma tesoura de jardinagem ou uma faca bem afiada e desinfetada pouco antes de usá-la. Cada pedaço deve conter raízes e pseudobulbos em formação.

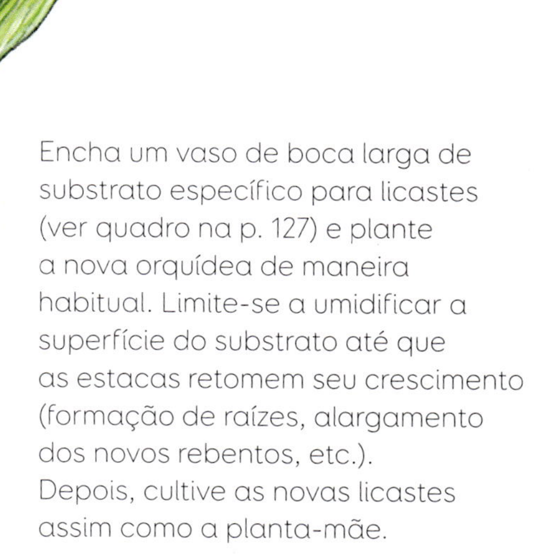

Encha um vaso de boca larga de substrato específico para licastes (ver quadro na p. 127) e plante a nova orquídea de maneira habitual. Limite-se a umidificar a superfície do substrato até que as estacas retomem seu crescimento (formação de raízes, alargamento dos novos rebentos, etc.). Depois, cultive as novas licastes assim como a planta-mãe.

Ludísia

Essa é uma das raras orquídeas que são cultivadas mais pela beleza de suas folhas – em cores de marrom púrpura a verde-escuro, aveludadas, com veias vermelhas – do que pela beleza de suas flores, que são pequenas e pouco especiais. A ludísia é uma orquídea terrestre: em seu ambiente natural, suas raízes vivem no solo e não agarradas aos galhos das árvores. Ela também é conhecida como orquídea joia.

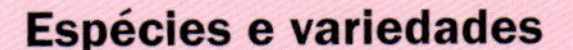

Espécies e variedades

A *Ludisia discolor* é a única cultivada.

Tipo de crescimento: simpodial com raízes carnudas.

Temperaturas ideais: 19 °C a 28 °C de dia, 18 °C a 22 °C à noite.

Diferença dia/noite: 1 °C a 2 °C.

Duração da floração: um mês.

Período da floração: primavera ou verão.

Periodicidade da floração: anual.

Cor: branco.

O melhor lugar em sua casa: próximo a uma janela que dê para o sul, o leste ou o nordeste.

Durante a floração
Acomodar

Essa orquídea gosta de umidade entre 60% e 75%. Coloque seu vaso em uma bandeja de bolinhas de argila sempre molhadas para lhe proporcionar uma atmosfera úmida em torno das folhas.

Em locais muito luminosos, as folhas da ludísia adquirem geralmente um tom marrom rosado pouco atraente.

Regar

As raízes carnudas são sensíveis à desidratação. Regue a ludísia com água sem calcário para manter o substrato sempre úmido, sem molhar as folhas que, caso contrário, ficarão manchadas e apodrecerão.

Dica

Cuidado com regas excessivas: deixar úmido o substrato não significa encharcar o vaso. Um substrato embebido em água faz as raízes apodrecerem.

Adubar

A cada quinze dias, adicione à água de rega um adubo equilibrado, específico para orquídeas.

No verão, não deixe a planta no jardim, pois as lesmas fariam a festa em suas raízes carnudas.

Após a floração
Replantar

A ludísia deve ser replantada ainda no mesmo ano de sua compra e, depois, aproximadamente a cada dois anos, quando a planta apresentar novos rebentos. Tenha cuidado, pois as raízes carnudas são quebradiças. Elimine com as mãos o máximo possível de substrato.

Se a planta crescer demasiadamente, você pode cortá-la em duas ou três partes na altura de suas raízes.

Escolha um vaso mais largo que alto. Encha-o de substrato (ver quadro) até 2 cm a 3 cm abaixo de sua borda. Coloque a planta de maneira que a rede das raízes fique plana, e enterre as raízes carnudas parcialmente, deixando pelo menos uma terceira parte delas fora. Regue moderadamente.

O substrato ideal deve ter uma granulometria muito mais fina do que o substrato de orquídeas epífitas: 2/3 de casca de pinheiro de granulometria fina e 1/3 de uma mistura de terra para plantas de interior, com um pouco de esfagno picado e um pouco de bolinhas de argila de granulometria pequena.

Multiplicar a ludísia

É muito fácil fazer estacas dos caules da ludísia. Assim que tiverem contato com o substrato, eles lançarão raízes e novos rebentos na altura de cada ponto de inserção de folhas.

Corte partes do caule que devem conter pelo menos dois ou três pontos de inserção de folhas. Deixe os dois cortes secarem por um ou dois dias.

Encha um vaso de abertura larga com substrato específico para ludísias (ver quadro na p. 134) e apoie a estaca sobre a mistura de tal forma que os pontos de inserção das folhas tenham contato com o substrato. Em cada ponto de inserção nascerá primeiro um novo rebento, depois uma raiz.

Você também pode colocar a estaca horizontalmente em uma tigela com água. Quando os novos rebentos aparecerem nos pontos de inserção de folhas, chegou a hora de plantar a estaca em um vaso.

Miltônia

Originária das florestas pluviais da Colômbia e da América Central, entre 400 m e 2.200 m de altitude, essa orquídea não gosta do calor excessivo nem do frio, mas precisa de uma diferença acentuada de temperatura entre o dia e a noite. Suas grandes flores, de um delicado perfume doce, suas cores malhadas e seu aspecto aveludado lembram de maneira muito surpreendente os amores-perfeitos que lhe deram sua alcunha ("orquídea amor-perfeito").

Espécies e variedades

Existem muitos híbridos dos *miltoniopsis*.
As miltônias aqui abordadas provêm da Colômbia e são atualmente chamadas pelos especialistas de *miltoniopsis*, enquanto o nome de miltônia (*miltonia*) é reservado para as variedades brasileiras.

Tipo de crescimento: simpodial com pequenos pseudobulbos.

Temperaturas ideais: 15 °C a 25 °C de dia, 12 °C a 15 °C à noite.

Diferença dia/noite: 8 °C a 10 °C.

Duração da floração: quatro a seis semanas.

Período da floração: primavera.

Periodicidade da floração: uma vez ao ano.

Cores: rosa, amarelo, branco, vermelho, púrpura.

O melhor lugar em sua casa: a menos de 1 m de uma janela que dê para o sul, o sudeste ou o leste.

Durante a floração

Acomodar

Coloque sua miltônia próxima a uma janela que receba o sol da manhã (de preferência) ou da tarde, mas jamais do meio-dia. A superfície do substrato deve estar na altura da janela (não abaixo dela) para ficar bem iluminada.

A miltônia é muito sensível à luz. Se receber luz demais, suas folhas amarelam; se receber muito pouca, suas folhas criam manchas vermelhas. Folhas verde-claras levemente rosadas indicam que a luminosidade é satisfatória.

A miltônia gosta de uma boa umidade do ar. Coloque seu vaso em uma bandeja de pedra britada sempre úmida ou ponha um nebulizador de interior perto dela.

Tutorar

Uma varinha discreta deve manter a haste floral ereta, para que você possa contemplar a flor que, sem ela, terá a tendência de ficar curvada. Afixe a haste floral à varinha com a ajuda de um clip de arame, alguns centímetros abaixo da flor mais inferior da haste.

Após a floração

Podar

Quando a flor tiver murchado, corte a haste floral o mais próximo de sua base, na junção com a folha acima do pseudobulbo do qual nasceu.

Regar

Uma vez por semana, durante todo o ano (a miltônia não observa períodos de repouso), imerja o vaso em um balde de água sem calcário, em temperatura ambiente. Não molhe as flores. Deixe a água escorrer por alguns minutos antes de colocar a planta de volta.

Dica

Folhas que nascem em forma de sanfona, plissadas, são o sinal de regas pouco equilibradas. Se você estabelecer um ritmo mais apropriado de aplicações de água, as novas folhas serão normais e as plissadas, por sua vez, vão se recuperar.

Adubar

Durante todo o ano, menos nos dez dias subsequentes à troca do vaso, regue com água acrescida de adubo, uma vez sim, uma vez não. O adubo deve ser específico para orquídeas.

Replantar

Todos os anos, no outono, quando as temperaturas ficarem mais baixas, tire sua miltônia cautelosamente do vaso e elimine o máximo possível de partículas de substrato presas entre as raízes. Tenha cuidado para não machucar estas últimas.

Em um vaso com um diâmetro de 2 cm a 3 cm maior que o anterior, ponha uma camada de alguns centímetros de substrato (ver quadro) bem úmido. Coloque a parte traseira da miltônia (o lado oposto dos novos rebentos) contra a parede do vaso e o rizoma (a parte que liga os diferentes pseudobulbos) 2 cm abaixo da borda.

O substrato ideal para a miltônia é composto de 60% de casca de pinheiro de granulometria fina a média, 30% de esfagno e 10% de bolinhas de argila. Umidifique bem a mistura antes de trocar o vaso.

Preencha o vazio com o substrato, socando-o com uma varinha inserida verticalmente no lado oposto à planta. O rizoma deve ficar acima da superfície.

Espere cerca de dez dias, aproximadamente, depois do lançamento das novas raízes antes de voltar a regar a miltônia. Mantenha uma boa umidade em torno da planta, borrifando durante esse período a superfície do substrato com água sem calcário em temperatura ambiente.

Multiplicar a miltônia

A miltônia pode ser dividida, mas não muitas vezes: ela gosta de ser cultivada com uma touceira densa. Faça a divisão no outono, durante a troca do vaso.

Depois de limpar as raízes, coloque a orquídea sobre um suporte duro. Corte-a em duas partes, com uma faca bem afiada e desinfetada, do lado dos novos rebentos, passando entre os numerosos e finos pseudobulbos da miltônia. Cada parte, a ser plantada separadamente, deve incluir pseudobulbos novos (formados depois da floração) e raízes, como indicado nas pp. 142-144.

Odontoglosso

Originários das regiões montanhosas da cordilheira dos Andes, entre 2.000 m e 3.000 m de altitude, os odontoglossos não precisam de muito calor e conseguem se adaptar a nossos interiores, aproveitando as noites frescas. Suas grandes hastes florais, às vezes ramificadas, bem como suas flores malhadas, tornam-nos especialmente atraentes. São também conhecidos como orquídeas tigre.

Espécies e variedades

Há numerosos híbridos de odontoglossos, todos cultivados da mesma maneira.

A periodicidade da floração depende da rapidez do crescimento da respectiva variedade. Algumas são muito vigorosas e produzem pseudobulbos que podem florir com oito a dez meses.

Tipo de crescimento: simpodial com fortes pseudobulbos redondos, ovoides ou piriformes.

Temperaturas ideais: 20 °C a 25 °C de dia, 12 °C a 16 °C à noite.

Diferença dia/noite: 8 °C a 10 °C.

Duração da floração: quatro a oito semanas.

Período da floração: variável.

Periodicidade da floração: variável.

Cores: rosa, amarelo, vermelho, marrom, malva, violeta.

O melhor lugar em sua casa: janela de sacada que dê para o leste ou o sudeste.

Durante a floração
Acomodar

Os odontoglossos adaptam-se bem às mais diversas situações. Durante a floração, você pode colocá-los onde desejar, até mesmo em uma mesa da sala de estar se ela for bem iluminada.

Dica

O odontoglosso ficará mais tempo em flor se, durante a floração, ele passar suas noites em um clima fresco (entre 15 °C e 17 °C).

É normal que um pseudobulbo que produziu duas hastes florais ao mesmo tempo fique um pouco enrugado na superfície após o desabrochamento. Mesmo assim, ele não deve ficar completamente enrugado, o que seria sinal de que suas reservas estão esgotadas.

Se você prefere hastes florais sem varinhas, mais maleáveis e levemente inclinadas, deve colocar seu odontoglosso em um local mais elevado – por exemplo, em um banquinho alto, e, principalmente, afastado de locais de passagem.

Após a floração

Acomodar

Coloque seu odontoglosso no peitoril de uma janela de maneira que a base da planta fique bem iluminada, com os pseudobulbos mais volumosos voltados para a luz, de frente para o vidro. Em locais muito luminosos, uma persiana pode ser necessária para atenuar a luz.

Dica

Quando a luz é demasiadamente intensa, as folhas têm a tendência de avermelhar. Quando a luminosidade é insuficiente, assumem uma cor verde muito apagada.

Podar

Elimine sucessivamente as flores murchas (de baixo para cima) e corte as hastes florais o mais próximo possível de suas bases quando todas as flores tiverem murchado.

Regar

Aplique uma vez por semana água sem calcário, em temperatura ambiente, em um volume equivalente ao volume do vaso. Deixe a planta absorver a água por alguns minutos, depois a deixe escorrer antes de colocar a orquídea de volta em seu cachepô. Não deixe o substrato secar.

Quando os pseudobulbos ficam anormalmente marrons, suspenda as regas. Deixe o substrato secar na superfície e, se for necessário, replante o odontoglosso (em caso de urgência, isso pode ser feito em qualquer momento do ano) para limpar as raízes que tiverem apodrecido por causa do excesso de água.

Adubar

Ao longo de todo o ano, exceto entre o fim da floração e o aparecimento de novos rebentos, adicione um adubo específico para orquídeas (à venda em lojas especializadas), uma rega sim, uma não.

Quando fizer muito calor no verão, borrife toda noite a folhagem e a superfície do substrato abundantemente com água sem calcário e em temperatura ambiente.

Dica

Calor ou luz excessivos durante a formação da haste floral podem desbotar as cores das corolas, especialmente nas variedades marrons e púrpuras.

Replantar

Todos os anos, no fim da primavera ou no outono (mas não no verão), tire seu odontoglosso cautelosamente do vaso. Elimine o máximo possível das partículas de substrato presas entre as raízes, sem machucá-las.

Elimine os pseudobulbos secos (enrugados), ou um ou dois dos mais antigos (que já perderam suas folhas), cortando-os da planta com uma tesoura de jardinagem bem afiada.

Os odontoglossos são cultivados em uma mistura de 60% de casca de pinheiro de granulometria média, 20% de esfagno e 20% de bolinhas de argila expandida. Lembre-se de umidificar a mistura antes de usá-la.

Para garantir uma melhor firmeza da planta em seu vaso (muito pequeno em comparação com as dimensões do odontoglosso), às vezes convém confeccionar-lhe raízes postiças: dobre um arame revestido de plástico, com cerca de 20 cm a 25 cm, em forma de U. Afixe-o na base da orquídea, em sua curva, com um barbante de ráfia. Você poderá tirar essa raiz artificial na próxima troca do vaso.

Em um vaso apenas um pouco maior do que o anterior, disponha uma camada de alguns centímetros de substrato bem úmido (ver quadro na p. 150). Coloque a planta no centro, com o rizoma (a parte que liga os diferentes pseudobulbos) 2 cm abaixo da borda do vaso.

Encha o espaço vazio com o substrato, socando-o de vez em quando: insira uma varinha verticalmente, no lado oposto do odontoglosso, para não machucar as raízes e o rizoma. Este último deve ficar acima da superfície.

Coloque seu odontoglosso em um local fresco, em torno de 15 °C. Espere o lançamento de novas raízes, duas a três semanas mais tarde, antes de regar. Nesse meio-tempo, limite-se a borrifar a superfície do substrato com água sem calcário em temperatura ambiente.

Multiplicar o odontoglosso

Os odontoglossos são multiplicados por divisão da touceira inicial, durante a troca de seu vaso.

Depois de eliminar das raízes o antigo substrato, com uma tesoura de jardinagem ou uma faca bem afiada e desinfetada com álcool, corte a planta em duas ou três partes que devem conter hastes que já floresceram, mas ainda estejam bem verdes, raízes e ao menos um novo rebento.

Plante as partes imediata e separadamente, como indicado nas pp. 149-151, e coloque todas em um lugar fresco (15 °C a 16 °C). Limite-se a borrifar a superfície do substrato para mantê-lo bem úmido até o nascimento das novas raízes. Depois, cultive os novos odontoglossos da mesma maneira que a planta adulta.

Oncídio

Essa orquídea sul-americana é popular principalmente em sua forma de flores douradas, que lhe renderam o apelido "chuva de ouro", mas há também oncídios de flores pequenas que são menos espetaculares. Estes últimos são mais fáceis de cultivar em uma casa do que em um apartamento, já que precisam de ar fresco.

Tipo de crescimento: simpodial, geralmente com pseudobulbos.

Temperaturas ideais: 18 °C a 25 °C de dia, 14 °C a 16 °C à noite.

Diferença dia/noite: 5 °C a 7 °C.

Duração da floração: quatro a oito semanas.

Período da floração: todo o ano.

Periodicidade da floração: variável.

Cores: branco, amarelo, rosa pálido, alaranjado, marrom.

O melhor lugar em sua casa: janela de sacada que dê para o leste ou o sudeste, ou janela de telhado.

Espécies e variedades

Para simplificar, podemos dizer que se distinguem entre os oncídios mais comuns: os de **longos cachos florais**, de **flores médias recortadas**, geralmente em amarelo dourado (apelidados de chuva de ouro), e os de **tamanho menor com pequenas flores** em cachos densos, geralmente perfumadas.

Durante a floração
Acomodar

Coloque seu oncídio em flor em um peitoril de janela ou na bancada de uma sacada, com a base da planta bem na luz, ou sob uma janela de teto. Próximo do vidro, ele aproveitará as variações de temperaturas entre o dia e a noite, sobretudo no caso das variedades de pequenas flores perfumadas. Nas horas mais quentes, use uma cortina.

Os oncídios perfumados são sensíveis à luz muito intensa: no caso de luminosidade excessiva, suas folhas ficam vermelhas.

Se você comprar um oncídio com a haste floral dotada de apoio, ela não assumirá mais sua forma natural tão graciosa, mesmo tirando a varinha. Você precisará esperar a próxima floração.

Dica

As variedades com pequenas flores perfumadas gostam de temperaturas mais frescas, de 15 °C a 20 °C de dia e de 12 °C a 15 °C à noite, com uma diferença de dia/noite entre 8 °C e 10 °C. Seu cultivo assemelha-se muito ao dos odontoglossos (ver pp. 145-153), enquanto os híbridos chamados de "chuva de ouro" se parecem muito com as falenópsis (ver pp. 99-106), com uma capacidade semelhante de adaptação.

As hastes florais do oncídio são maleáveis e graciosamente onduladas, mas não frágeis. Se você não quiser apoiá-las, é essencial colocar a orquídea no alto, em uma estante ou em um banquinho. Coloque um peso em seu vaso, por exemplo, alguns seixos, sem machucar as raízes superficiais.

Após a floração

Podar

Elimine sucessivamente as flores murchas, de baixo para cima, e, quando todas tiverem murchado, corte as hastes florais o mais próximo possível de sua base.

Regar

Quando o oncídio produzir novos rebentos, regue-o regularmente com água sem calcário em temperatura ambiente, sem deixar o substrato secar. Coloque o bico do regador na parede do vaso para não molhar os novos pseudobulbos que são muito sensíveis ao apodrecimento quando a umidade é excessiva.

Dica

Os oncídios perfumados florescem melhor quando passam o verão ao ar livre, de dezembro a março, na sombra de uma árvore. Lembre-se disso!

Quando os pseudobulbos pararem de crescer (ao alcançar o mesmo tamanho dos mais antigos), deixe secar o substrato na superfície entre duas regas. Avalie regularmente o peso do vaso: quando ele estiver claramente mais leve, você pode regá-lo de novo.

É inevitável que o oncídio produza raízes fora do substrato, pois os novos rebentos têm sempre a tendência de crescer um pouco acima dos pseudobulbos vizinhos. Borrife estas raízes diariamente.

Quando seu oncídio tiver um crescimento muito vigoroso, mas não florescer, coloque-o à noite em um lugar fresco (em torno de 12 °C a 15 °C). Depois de alguns meses desse tratamento, ele deverá produzir uma ou várias hastes florais.

Adubar

Durante todo o ano, adicione à água um adubo específico para orquídeas (à venda em lojas especializadas) a cada duas regas no período do crescimento dos pseudobulbos, e a cada três após esse período.

Replantar

A cada dois anos, quando as raízes estiverem saindo do vaso e novos rebentos estiverem aparecendo, tire seu oncídio cautelosamente do vaso. Elimine o máximo possível das partículas de substrato presas nas raízes, sem machucá-las.

Quando sua orquídea tiver mais de cinco ou seis pseudobulbos, elimine um ou dois pseudobulbos antigos e secos (enrugados), cortando-os da planta com uma tesoura de jardinagem bem afiada.

Os oncídios gostam de substratos bastante finos: misture 80% de casca de pinheiro de granulometria fina e 20% de bolinhas de argila expandida. Lembre-se de umidificar a mistura antes de usá-la.

Para garantir um melhor enraizamento da planta em seu vaso (bastante pequeno em relação às dimensões do oncídio), você pode lhe confeccionar raízes postiças: dobre pedaços de arame revestido de plástico, de 20 cm a 25 cm de comprimento, em forma de U, e insira a curva desse U entre dois pseudobulbos. Você poderá tirar essa raiz artificial na próxima troca de vaso.

Escolha um vaso apenas um pouco maior que o anterior. Encha-o de substrato (ver quadro na p. 160) bem úmido até 1 cm a 2 cm abaixo da borda do vaso. Apoie a planta de forma plana sobre o substrato, no centro do vaso, com a parte traseira da planta (o lado oposto dos novos rebentos) contra a parede.

De vez em quando, encha o espaço vazio com substrato. Soque-o com uma varinha inserida verticalmente no lado oposto ao oncídio para não machucar as raízes e o rizoma. Este último deve ficar visível na superfície.

Espere o lançamento de novas raízes, duas a três semanas mais tarde, antes de regar. Limite-se, no meio-tempo, a borrifar a superfície do substrato com água sem calcário em temperatura ambiente.

Multiplicar o oncídio

Ao trocar o vaso, você pode dividir as plantas mais volumosas. Cada pedaço deve ter cinco a seis pseudobulbos (não secos) para florir rapidamente após a divisão.

Depois de limpar as raízes do antigo substrato, corte a planta entre dois pseudobulbos (cuidado para não machucá-los!) com uma tesoura de jardinagem ou uma faca bem afiada e desinfetada com álcool.
Cada parte deve conter hastes que já floresceram, mas que ainda estejam bem verdes, raízes e pelo menos um novo rebento. Plante cada parte imediata e separadamente, como indicado nas pp. 159-162.
Borrife a superfície do substrato até o lançamento de novas raízes.

Pafiopédilo

Na Ásia, sua terra natal, essa orquídea vive no solo rico em húmus das florestas tropicais e em uma atmosfera muito úmida. Nesse ambiente favorável, não precisa de pseudobulbos, aqueles órgãos de reserva presentes em muitas orquídeas. Portanto, é muito sensível às condições de cultivo, sobretudo ao clima seco. O pafiopédilo é também chamado de "sapatinho".

Espécies e variedades

Os pafiopédilos dividem-se em três categorias que se distinguem facilmente por suas características físicas:

- **os pafiopédilos complexos**, de flor grande, geralmente única, com haste e folhagem em verde monocromático muitas vezes lustroso;
- **os pafiopédilos malhados**, com folhas em diferentes nuances de verde e uma única flor na haste que forma um oval;
- **os pafiopédilos multiflorais**, nos quais abrem, sucessivamente na mesma haste, várias flores de desenhos surpreendentes.

Tipo de crescimento: simpodial sem pseudobulbos.

Temperaturas ideais: pafiopédilos complexos: 15 °C a 20 °C de dia, 10 °C a 15 °C à noite; pafiopédilos malhados e multiflorais: 18 °C a 27 °C de dia, 16 °C a 21 °C à noite.

Diferença dia/noite: 10 °C a 11 °C (pafiopédilos complexos); 5 °C a 6 °C (pafiopédilos malhados e multiflorais).

Duração da floração: seis a dez semanas.

Período da floração: outono, inverno, às vezes primavera (novas variedades).

Periodicidade da floração: oito a doze meses.

Cores: branco, amarelo, rosa, púrpura, marrom, verde.

O melhor lugar em sua casa: uma janela ou outra abertura que dê para o sul, o sudeste ou o leste com persiana.

Durante a floração

Acomodar

O pafiopédilo é uma das raras orquídeas que gostam da sombra. Coloque-a no peitoril de uma janela, de maneira que o fundo do vaso seja bem iluminado e os novos rebentos fiquem virados para o vidro. Ponha o vaso sobre uma bandeja com bolinhas de argila de diâmetro grande que devem estar sempre úmidas.

Dica

Se a luminosidade for demasiadamente forte, a planta alertará você com uma coloração verde-oliva das folhas, que ficarão rapidamente amarelas.

Tutorar

Os pafiopédilos são vendidos apoiados em uma varinha. Guarde-a, já que ela coloca a flor em destaque e ajuda a haste floral a suportar seu peso. Quando o pafiopédilo florescer de novo em sua casa, antes que o primeiro botão abra, insira uma varinha o mais próximo possível da haste floral e a afixe em um ou dois lugares, um deles imediatamente abaixo do botão inferior.

Após a floração

Podar

Quando todas as flores da haste floral estiverem murchas, corte a haste próximo das folhas com uma tesoura de jardinagem. Não a corte muito perto de sua base para não danificar as folhas. A parte restante da haste secará, e depois basta puxá-la para cima para eliminá-la.

Para prevenir um eventual apodrecimento, tire as folhas amarelas ou marrons antes de regar. Para isso, corte-as em duas partes no sentido de seu comprimento. Tire cada metade, o mais próximo possível da base, para tirar a folha completamente, até a altura do substrato. Segure a planta com a outra mão para que não saia do vaso.

Regar

Mantenha o substrato sempre úmido (verifique-o inserindo o dedo por 1 cm a 2 cm), em regas regulares – no caso dos pafiopédilos complexos, de preferência de manhã – para que fiquem bem drenados à noite. Você pode usar água com um pouco de calcário.

Não molhe as flores nem os novos rebentos e o verso das folhas. Os pafiopédilos são muito sensíveis ao apodrecimento.

Adubar

Opte por um adubo foliar líquido cuidadosamente dosado: divida a dose recomendada em duas, uma vez a cada quinze dias. Pare de adubar quando as novas folhas tiverem um tamanho semelhante às antigas, até o aparecimento da haste floral no centro das folhas. Você pode também usar um adubo solúvel em água e assim reduzir as doses pela metade. Adicione-o à água uma vez a cada três regas.

Dica

Se você quiser fazer os pafiopédilos complexos florirem, é indispensável cultivá-los ao ar livre de dezembro a março. Os pafiopédilos malhados ou multiflorais não precisam desse frescor noturno para se desenvolver, mas também podem ser acomodados ao ar livre, na sombra, durante o verão.

Replantar

Todos os anos, fora dos períodos de floração e do inverno, quando novos rebentos aparecerem (e estiverem em pleno crescimento), tire o pafiopédilo do vaso. Elimine cautelosamente o substrato entre as raízes.

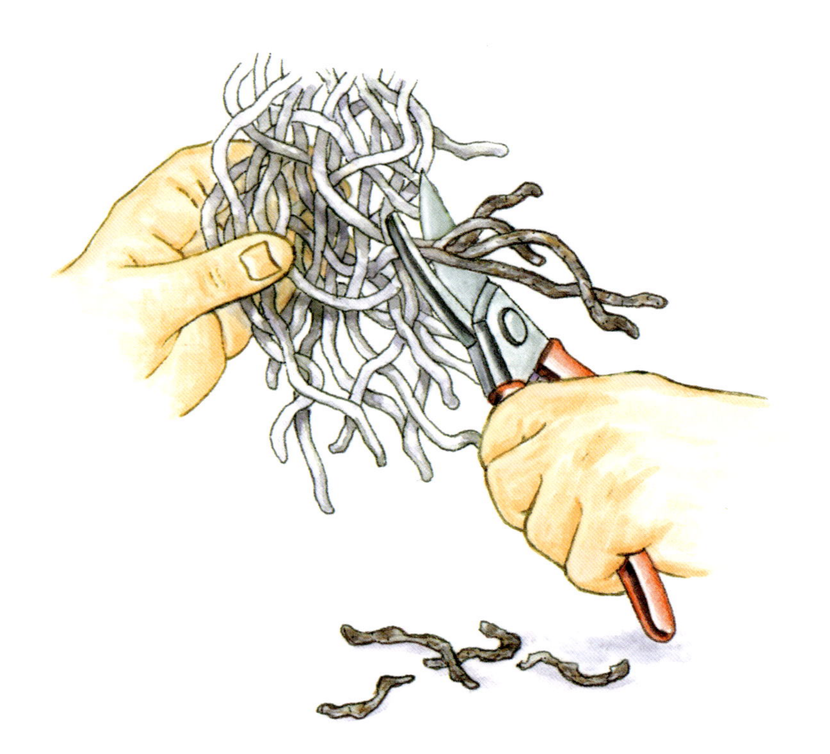

Examine cuidadosamente as raízes e corte com uma tesoura de jardinagem aquelas que estiverem apodrecidas ou machucadas. Aqui, a desinfecção das lâminas é especialmente importante, já que o pafiopédilo é sensível ao apodrecimento.

No fundo do vaso, adicione um punhado de seixos de calcário (de cor branca). Encha o vaso com o substrato recomendado até 2 cm a 3 cm abaixo da borda. Coloque o pafiopédilo com o lado oposto do novo rebento próximo à parede do vaso, distribuindo bem as raízes.

Prepare uma mistura de bolinhas de argila (10%) de granulometria média, de esfagno (30%) e de casca de pinheiro (60%), também de granulometria média. Lembre-se de umidificar bem o substrato antes de replantar.

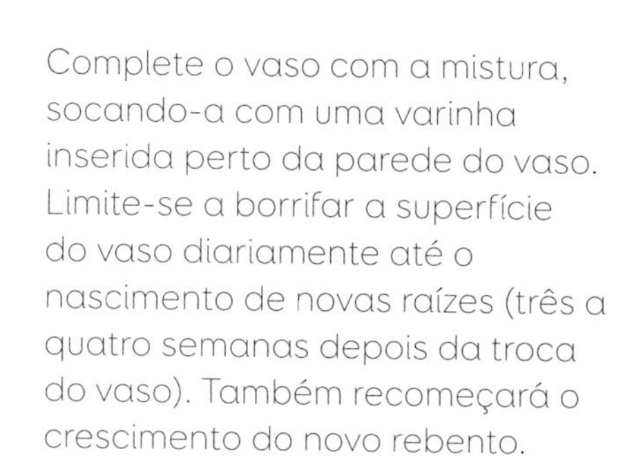

Complete o vaso com a mistura, socando-a com uma varinha inserida perto da parede do vaso. Limite-se a borrifar a superfície do vaso diariamente até o nascimento de novas raízes (três a quatro semanas depois da troca do vaso). Também recomeçará o crescimento do novo rebento.

Multiplicar o pafiopédilo

Antes que um novo rebento se desenvolva, ele fica geralmente nas reservas da touceira de folhas precedentes que depois desaparecem. As variedades mais vigorosas (pafiopédilos complexos e malhados) produzem até dois novos rebentos por vez, que surgem durante ou após a floração. Geralmente, as folhas mais antigas não desaparecem antes da floração seguinte. Também nesse momento é possível dividir um pafiopédilo.

Plantas volumosas podem ser separadas cautelosamente em duas partes, com a mão, durante a troca do vaso. Cada parte deve conter uma ou duas (melhor duas!) touceiras de folhas antigas e um novo rebento.

Plante as partes no mesmo substrato (ver quadro na p. 169) e borrife a superfície até o nascimento de novas raízes.

Prosthechea

Essa orquídea originária das florestas iluminadas da América Central, especialmente da Guiana Francesa, encontra-se desde o nível do mar até cerca de 2.000 m de altitude e se adapta bem a várias condições de cultivo. Sua flor muito particular se parece com um polvo em miniatura. Seu desabrochamento progressivo na haste floral – mas também nas várias hastes florais da mesma planta – brinda-nos com flores durante quase todo o ano.

Espécies e variedades
Prosthechea cochleata.

Tipo de crescimento: simpodial com pseudobulbos bem bojudos.

Temperaturas ideais: 18 °C a 25 °C de dia, 12 °C a 15 °C à noite.

Diferença dia/noite: 5 °C a 7 °C.

Duração da floração: um a dois meses.

Período da floração: todo o ano.

Periodicidade da floração: variável.

Cores: verde-amarelo e marrom púrpura.

O melhor lugar em sua casa: janela de sacada que dê para o norte.

Durante a floração

Acomodar

Coloque sua orquídea no peitoril interior de uma janela: assim, a superfície do substrato e a base da planta ficarão bem iluminadas. Entre meados de setembro e meados de outubro, use uma cortina ou uma persiana entre sua *Prosthechea* e o vidro para protegê-la do sol entre 11h e 16h.

Regar

Cada vez que o substrato secar na superfície, imerja o vaso por alguns minutos em um balde de água sem calcário, em temperatura ambiente, depois deixe a água escorrer antes de colocar a orquídea de volta em seu cachepô.

Mantenha uma atmosfera altamente úmida em torno de sua *Prosthechea*, colocando-a próxima a uma fonte decorativa ou um nebulizador de interior. Ela gosta de uma umidade com grau de 50% a 60%.

Após a floração

Podar

Elimine as flores murchas sucessivamente, de baixo para cima. Se não fizer isso, as outras flores murcharão mais rapidamente. Quando todas tiverem murchado, corte as hastes florais o mais próximo possível de sua base.

Regar

Às vezes, os novos pseudobulbos na borda do vaso lançam raízes que ficam fora do substrato. Enquanto você espera a troca do vaso, borrife essas raízes diariamente com água sem calcário em temperatura ambiente.

Fora dos períodos de crescimento de novos pseudobulbos, você pode deixar o substrato secar bastante entre duas regas (ele se tornará mais leve), mas não deixe que os pseudobulbos fiquem rugados.

Adubar

Durante o período de crescimento dos novos rebentos (após a floração), adicione um adubo específico para orquídeas (à venda nas lojas especializadas), uma vez a cada duas regas, mas depois, quando os novos rebentos tiverem um tamanho semelhante (em altura e diâmetro) aos que já floresceram, apenas uma vez a cada três regas.

Replantar

A cada dois anos, quando ao menos um ou vários novos rebentos estiverem aparecendo, tire sua *Prosthechea* cautelosamente do vaso. Elimine o máximo possível das partículas de substrato presas entre as raízes, sem machucá-las.

Elimine os pseudobulbos secos (enrugados), ou um ou dois dos pseudobulbos mais antigos que já perderam suas folhas, cortando-os da planta com uma tesoura de jardinagem bem afiada.

O substrato ideal para a *Prosthechea*, que é epífita, é uma mistura de 80% de casca de pinheiro de granulometria média e 20% de bolinhas de argila da mesma granulometria. Umidifique bem a mistura antes de colocá-la no novo vaso.

Escolha um vaso com um diâmetro de 1 cm a 2 cm maior que o anterior. Ponha uma camada de alguns centímetros de substrato bem úmido (ver quadro). Coloque a planta no centro, com o rizoma (a parte que liga os diferentes pseudobulbos) 2 cm abaixo da borda.

Aos poucos, encha o espaço vazio com o substrato, socando-o com uma varinha inserida verticalmente no lado oposto da planta para não machucar as raízes e o rizoma. Este último deve ficar acima da superfície.

Após a troca do vaso, coloque apoios somente se a estabilidade da planta os exigir. Coloque uma varinha ao lado da orquídea e afixe os pseudobulbos vizinhos frouxamente. Esse suporte deve ser suficiente.

Espere o lançamento de novas raízes, duas a três semanas mais tarde, antes de regar. No meio--tempo, limite-se a borrifar a superfície do substrato com água sem calcário em temperatura ambiente.

Multiplicar a *Prosthechea*

A reprodução dessa orquídea é feita ao dividir a touceira dos pseudobulbos. O período mais favorável é o do crescimento, quando aparecem novos rebentos.

Durante a troca do vaso, corte a planta com uma tesoura de jardinagem ou uma faca bem afiada e desinfetada com álcool, em duas a três partes que devem conter: hastes que já floresceram, mas que ainda estejam bem verdes, raízes e ao menos um novo rebento.

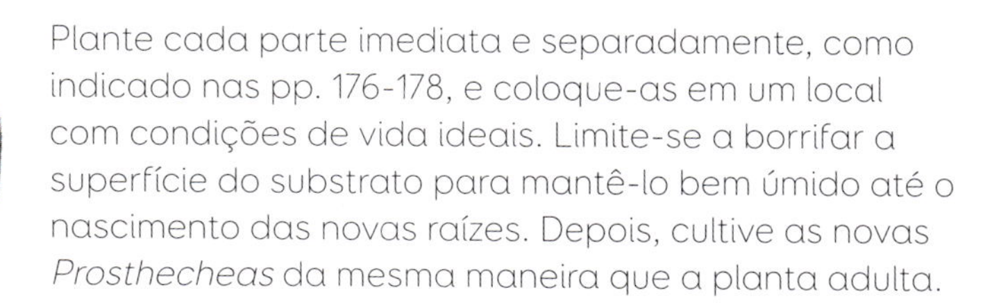

Plante cada parte imediata e separadamente, como indicado nas pp. 176-178, e coloque-as em um local com condições de vida ideais. Limite-se a borrifar a superfície do substrato para mantê-lo bem úmido até o nascimento das novas raízes. Depois, cultive as novas *Prosthecheas* da mesma maneira que a planta adulta.

Vanda e híbridos

Originárias das florestas tropicais iluminadas da Ásia e da Austrália, as vandas e os ascocentros gostam de uma alta umidade do ambiente (mais de 80%) e de luz intensa (30.000 a 50.000 lx). Suas cores originais – azul no caso das vandas, laranja no caso dos ascocentros – e a abundância de suas flores seduzem os admiradores, apesar de sua estatura imponente: na natureza, a haste das vandas pode alcançar aproximadamente 2 m.

Tipo de crescimento: monopodial sem pseudobulbos.

Temperaturas ideais: não mais de 30 °C de dia, 18 °C a 20 °C à noite.

Diferença dia/noite: 2 °C a 5 °C.

Duração da floração: quatro a oito semanas.

Período da floração: primavera e verão.

Periodicidade da floração: várias vezes ao ano se a luz for suficiente.

Cores: rosa, azul, malva, vermelho, alaranjado, etc.

O melhor lugar em sua casa: sacada, estufa aquecida ou por trás de uma janela que dê para o norte no inverno e para o oeste ou o leste no verão.

Espécies e variedades

O cruzamento de vandas e ascocentros deu origem às ascocendas, mais fáceis de cultivar em interiores e em latitudes de clima temperado. Elas possuem flores muito numerosas e cores muito vivas, mas são de um tamanho mais moderado.

Durante a floração

Acomodar

Deixe as raízes de sua vanda absorverem água durante aproximadamente vinte minutos (elas ficarão verdes). Assim, serão mais maleáveis e você não correrá o risco de machucá-las ao colocá-las no vaso.

As raízes das vandas e de seus híbridos precisam de ar e não crescem dentro de substrato, mas ao ar livre. A planta é muitas vezes vendida em cestos perfurados sem substrato, mas nessas condições é difícil cultivá-la nos interiores. É melhor acomodá-la em um vaso transparente.

Escolha um vaso transparente alongado, com gargalo estreito e abertura larga. Enrole as raízes em espiral na base da haste e passe-as cautelosamente pela parte estreita do vaso. A haste e as flores encontram apoio nas paredes curvadas.

Cubra as raízes parcialmente com um pouco de musgo de esfagno (ou com o esfagno) úmido. Você pode também colocar no fundo do vaso alguns fios de musgos.

Após a floração

Podar

Quando a flor estiver murcha, corte a haste floral o mais próximo de sua base, na junção da folha e da haste.

Elimine de vez em quando raízes secas ou apodrecidas com uma tesoura de jardinagem bem desinfetada. Corte-as o mais próximo possível de sua base.

Regar

Aproximadamente duas vezes por semana no verão e uma vez por semana no inverno, encha o vaso até a base da planta, para que todas as raízes possam absorver a água. Espere as raízes ficarem verdes e maleáveis (cerca de vinte minutos), depois tire a água em excesso.

Dica

Verifique com bastante frequência a cor das raízes para avaliar as necessidades de água da planta. Quando são de um verde vivo, estão embebidas de água e você não precisa regar. Quando estão esbranquiçadas, é preciso ter atenção; quando estão brancas ou prateadas, está na hora de regar a vanda.

No verão, quando faz muito calor, borrife a planta com água sem calcário em temperatura ambiente, na abertura do vaso, mas sem excesso. A água não deve ficar estagnada em grandes gotas nas folhas nem no ponto de sua inserção na haste.

Adubar

As vandas não observam períodos de repouso e precisam de adubo durante todo o ano. A cada quinze dias, no dia após a rega, borrife a folhagem com uma solução de adubo específico diluído na água (observe as doses recomendadas na embalagem).

Vandas não precisam ser replantadas, já que são cultivadas em vasos sem substrato.

Tutorar

Quando a haste ficar comprida, você pode apoiá-la ao inserir uma varinha fina no vaso, por exemplo, de bambu, de forma diagonal e bem encaixada no fundo. Você deve amarrar a haste nela com lacinhos não muito apertados para não a machucar.

Multiplicar a vanda

A vanda e os seus híbridos são multiplicados por *keikis* (ver p. 106) ou a partir da ponta da haste quando esta estiver muito comprida. A haste cortada continuará a crescer graças aos brotos laterais.

Corte a ponta da haste de maneira que nela esteja pelo menos uma das raízes aéreas que aparecem nas plantas velhas, nas axilas das folhas ao longo da haste.

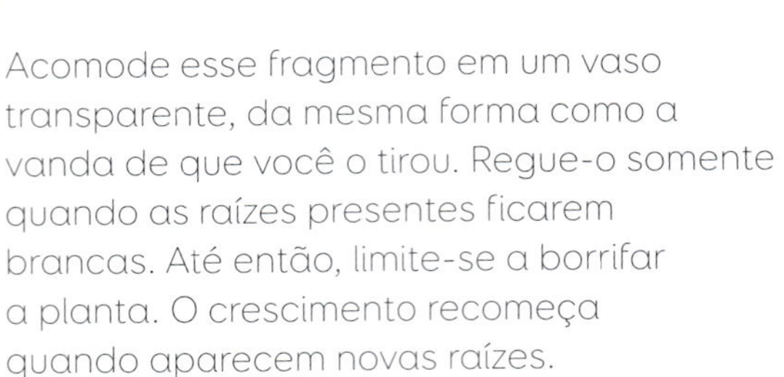

Acomode esse fragmento em um vaso transparente, da mesma forma como a vanda de que você o tirou. Regue-o somente quando as raízes presentes ficarem brancas. Até então, limite-se a borrifar a planta. O crescimento recomeça quando aparecem novas raízes.

Zigopétalo

Originário das regiões montanhosas da América Latina, o zigopétalo gosta de ar fresco, pelo menos à noite. Suas flores de cores discretas e variadas exalam um perfume forte e picante que lembra o perfume de certas variedades de jacinto.

Espécies e variedades

As diferentes variedades são muito parecidas.

Tipo de crescimento: simpodial com pseudobulbos.

Temperaturas ideais: 16 °C a 28 °C de dia, 13 °C a 16 °C à noite.

Diferença dia/noite: 5 °C a 8 °C.

Duração da floração: quatro a seis semanas.

Período da floração: outono, inverno, mais raramente primavera (novas variedades).

Periodicidade da floração: variável.

Cores: branco, verde, marrom, violeta, púrpura.

O melhor lugar em sua casa: janela que dê para o noroeste, o nordeste ou até mesmo para o norte se tiver uma persiana.

Durante a floração
Acomodar

O ideal é colocar o zigopétalo atrás do vidro de uma sacada ou em um espaço fresco à noite, de maneira que os pseudobulbos fiquem bem expostos à luz e os novos rebentos, voltados para o vidro. Proteja-o com uma cortina ou uma persiana de agosto a abril, nas horas mais quentes do dia.

Regar

Durante a floração, limite-se a manter o substrato úmido, borrifando a superfície, sem molhar as flores ou os novos rebentos (eles podem surgir ao mesmo tempo em que surgem as flores). Retome as regas costumeiras quando aparecem novos rebentos.

Dica

As hastes florais, curtas e sólidas, geralmente não precisam do apoio de uma varinha.

Após a floração

Podar

No fim da floração, corte a haste floral o mais próximo possível de sua base com uma tesoura de jardinagem bem afiada.

O zigopétalo gosta de um ambiente de umidade média, entre 60% e 65%. A umidade exagerada deixa as folhas manchadas.

Regar

Cada vez que o substrato secar na superfície, durante todo o crescimento dos novos pseudobulbos e até o aparecimento das flores, imerja o vaso por alguns minutos em um balde de água sem calcário, em temperatura ambiente. Depois, deixe a água escorrer antes de colocar o zigopétalo de volta ao cachepô.

Dica

As hastes florais aparecem na base dos novos rebentos antes de seu completo desenvolvimento (formação do pseudobulbo ou protuberância ovoide na base do rebento). Quando você notar uma haste floral em formação, suspenda a aplicação de adubo até seu pleno desabrochamento.

Adubar

Adicione à água um adubo específico para orquídeas uma vez a cada duas regas, durante o crescimento dos novos rebentos lembre-se de que vários deles podem estar crescendo simultaneamente.

Replantar

A cada dois anos, após a floração, quando os novos rebentos estiverem surgindo, tire o zigopétalo do vaso. Às vezes, é preciso rolar o vaso em uma superfície dura, apoiando-o com a mão, para que as raízes se desprendam das paredes.

Elimine o máximo possível das partículas de substrato presas entre as raízes, sem machucá-las. Tire raízes quebradas, doentes ou apodrecidas, se houver. Use sempre uma tesoura de jardinagem própria e desinfetada.

Escolha um vaso com um diâmetro de 4 cm a 5 cm maior que o anterior, pois o zigopétalo cresce vigorosamente. Encha-o de substrato (ver quadro) bem úmido até 2 cm abaixo da borda. Coloque a orquídea no centro, com a parte traseira (o lado oposto dos novos rebentos) contra a parede do vaso.

O substrato ideal para o zigopétalo é composto de 60% de casca de pinheiro de granulometria fina, 20% de bolinhas de argila de granulometria média e de 20% de esfagno (disponíveis nas lojas especializadas ou no setor de orquídeas de centros de jardinagem). Umidifique bem a mistura antes de trocar o vaso.

Encha o espaço vazio com o substrato sem machucar a base das folhas. De vez em quando, você pode socar o substrato com uma varinha inserida verticalmente na borda do vaso, para não machucar as raízes. Espere o lançamento de novas raízes antes de regar. Limite-se, no meio-tempo, a borrifar a superfície do substrato com água sem calcário em temperatura ambiente.

O zigopétalo gosta muito de saídas ao ar livre de dezembro a março, para se beneficiar do frescor noturno. Para isso, coloque-o na sombra de uma árvore. Após a troca do vaso, espere a retomada do crescimento (nascimento de novos rebentos) antes de colocá-lo para fora de casa.

Multiplicar o zigopétalo

Se, na hora de trocar o vaso, o seu zigopétalo precisar de um vaso com mais de 24 cm de diâmetro, vale a pena dividi-lo, pois exemplares muito grandes florescem menos.

Durante a troca do vaso, quando as raízes estiverem bem visíveis, corte a planta entre dois pseudobulbos (cuidado para não os machucar), com uma tesoura de jardinagem ou uma faca bem afiada e desinfetada com álcool. Cada pedaço deve conter três pseudobulbos adultos e um novo rebento.

Plante as novas orquídeas como indicado nas pp. 191-192, colocando os antigos pseudobulbos contra a parede do vaso. Borrife a superfície do substrato até o lançamento de novas raízes.

Orquídea	Outros nomes	Modo de vida	Tipo de crescimento	Altura em flor (cm)	Período da floração
Angraecum *	Angreco, estrela de Madagáscar, orquídea cometa	Maioritariamente epífito	Monopodial	15-100 ou mais	Outono, inverno e primavera
Anguloa **	Orquídea tulipa, berço de Vênus	Terrestre	Simpodial com pseudobulbos	60-90 segundo as espécies	Inverno e primavera
Ansellia	Orquídea leopardo	Epífito	Simpodial com hastes rígidas	90-150	Fim do inverno
Ascocenda **		Epífito	Monopodial	15-30	Primavera e verão
Ascocentrum	Ascocentro	Epífito	Monopodial	15-30	Primavera e verão
Bifrenaria ***		Epífito	Simpodial com pseudobulbos	25-30	Primavera e verão
Bollea **	Orquídea azul	Epífito	Simpodial com pseudobulbos	20-30	Outubro a março
Brassia **	Brássia, orquídea aranha	Epífito	Simpodial com pseudobulbos	30-60	Primavera a outono
Bulbophyllum *	Bulbófilo	Epífito	Simpodial com pseudobulbos	20-60	Ano inteiro

Duração da floração	Temperaturas mín./máx. (°C)	Temperaturas dia/noite (°C)	Diferença dia/noite (°C)	Substrato ideal	Cultivar como
1-2 meses	18-25	13-16	5-8	80% casca de pinheiro, 20% bolinhas de argila	Catleia
5-7 semanas	15-21	10-16	Pelo menos 8	60% casca de pinheiro, 30% esfagno, 10% bolinhas de argila	Celogine
8-10 semanas	18-30	16-25	3-4	80% casca de pinheiro, 20% bolinhas de argila	Catleia
1-2 meses	20-30	18-20	2-5	/	Vanda
1-2 meses	20-30	18-20	2-5	/	Vanda
4-5 semanas	18-25	13-16	5-10	60% casca de pinheiro, 20% esfagno, 20% bolinhas de argila	Odontoglosso
1 mês	18-30	18-25	2-5	70% casca de pinheiro, 20% esfagno, 10% bolinhas de argila	Zigopétalo
3-6 semanas	18-25	13-16	5-10	60% casca de pinheiro, 20% bolinhas de argila, 20% esfagno	/
3 semanas a 2 meses	18-30	14-25	6-10	80% casca de pinheiro, 20% bolinhas de argila	Falenópsis

Orquídea	Outros nomes	Modo de vida	Tipo de crescimento	Altura em flor (cm)	Período da floração
Cattleya ***	Catleia	Epífito	Simpodial com pseudobulbos	20-50	Março a dezembro
Chysis **		Epífito	Simpodial com pseudobulbos	40-50	Primavera e verão
Cochleanthes *		Epífito	Simpodial com pseudobulbos	20-25	Primavera e verão
Coelogyne **	Celogine, Orquídea anjo (*C. cristata*), orquídea branca, branca de neve	Epífito	Simpodial com pseudobulbos	20-30	Variável segundo a espécie
Cymbidium ***	Cimbídio	Epífito	Simpodial com pseudobulbos	45-60	Maio a agosto
Dendrobium nobile **	Dendróbio, olho de boneca, dendróbio de capuz	Epífito	Simpodial com pseudobulbos	40-45	Julho a agosto

Duração da floração	Temperaturas mín./máx. (°C)	Temperaturas dia/noite (°C)	Diferença dia/noite (°C)	Substrato ideal	Cultivar como
2-4 semanas	18 (inverno) - 28 (resto do ano)	14-16 (inverno) e 18-20 (resto do ano)	5-8	**Flores grandes:** 80% casca de pinheiro, 20% bolinhas de argila. **Flores pequenas:** 60% casca de pinheiro, 20% bolinhas de argila, 20% esfagno	/
2-3 semanas	18-30 (primavera a outono) 15-20 (inverno)	16-20 (primavera a outono) 10-14 (inverno)	2-3 (primavera a outono) 8-10 (inverno)	70% casca de pinheiro, 20% esfagno, 10% bolinhas de argila	Odontoglosso
2-3 semanas	18-30	16-25	2-5	70% casca de pinheiro, 20% esfagno, 10% bolinhas de argila	Zigopétalo
4-6 semanas	Variável segundo a espécie	Variável segundo a espécie	Em torno de 7	60% casca de pinheiro, 20% bolinhas de argila, 20% esfagno	/
2-3 meses	15-30	5-20	No mínimo 10	70% casca de pinheiro, 20% espuma de poliuretano, 10% terra vegetal	/
1-2 meses	12-20	8-14	8-10	60-70% casca de pinheiro, 30-40% bolinhas de argila	/

Orquídea	Outros nomes	Modo de vida	Tipo de crescimento	Altura em flor (cm)	Período da floração
Dendrobium phalaenopsis **	Dendróbio--falenópsis, denfale	Epífito		50-60	Julho a dezembro
Dendrochilum **	Dendróquilo, orquídea colar, orquídea cadeia	Epífito	Simpodial com pseudobulbos	50	Verão
Epidendrum *	Epidendro, orquídea estrela, orquídea crucifixo	Epífito ou terrestre	Simpodial com pseudobulbos	30-40	Verão a outono
Huntleya **	Estrela da república, flor de couro	Epífito	Simpodial sem pseudobulbos	40-50	Verão
Laelia **	Lélia	Epífito	Simpodial com pseudobulbos	20-100	Primavera a outono
Ludisia **	Ludísia, orquídea joia	Terrestre		30-40	Primavera ou verão

Duração da floração	Temperaturas mín./máx. (°C)	Temperaturas dia/noite (°C)	Diferença dia/noite (°C)	Substrato ideal	Cultivar como
1-2 meses	18-35	18-35	3-5	60-70% casca de pinheiro, 30-40% bolinhas de argila	/
3-5 semanas	18-25	16-20	4-5	80% casca de pinheiro, 20% bolinhas de argila	Oncídio
1-2 meses	18-25	14-16	5-7	**Terrestres:** 30% casca de pinheiro, 40% terra vegetal, 20% bolinhas de argila, 10% areia. **Epífitas:** 80% casca de pinheiro, 20% bolinhas de argila	/
3-4 semanas	20-30	12-15	2-5	80% casca de pinheiro, 20% bolinhas de argila	Falenópsis
3-4 semanas	18-27	11-16	5-8	80% casca de pinheiro, 20% bolinhas de argila	/
1 mês	19-28	18-22	1-2	2/3 casca fina de pinheiro, 1/3 terra para plantas de interiores	/

Orquídea	Outros nomes	Modo de vida	Tipo de crescimento	Altura em flor (cm)	Período da floração
Lycaste **	Licaste	Epífito	Simpodial com pseudobulbos	30-80	Primavera ou verão
Masdevallia ***	Masdevália	Majoritariamente epífito	Simpodial sem pseudobulbos	10-25	Variável segundo a espécie
Maxillaria **	Maxilária	Epífito ou terrestre	Simpodial com pequenos pseudobulbos	15-25	Verão a outono
Mendoncella * ***(Galeottia)*** *		Epífito	Simpodial com pseudobulbos	30-40	Primavera e verão
Miltonia ***	Miltônia, orquídea amor-perfeito	Epífito	Simpodial com pequenos pseudobulbos	30	Primavera ou verão
Odontoglossum *	Odontoglosso, orquídea tigre	Epífito	Simpodial com pseudobulbos	60-70	Variável segundo a espécie
Oncidium *	Oncídio, chuva de ouro	Majoritariamente epífito	Simpodial geralmente com pseudobulbos	20-50	Variável segundo a espécie

Duração da floração	Temperaturas mín./máx. (°C)	Temperaturas dia/noite (°C)	Diferença dia/noite (°C)	Substrato ideal	Cultivar como
1-2 meses	15-21	10-16	5	60% casca de pinheiro, 30% esfagno, 10% bolinhas de argila (granulometria pequena)	/
2-6 semanas	13-19	10-15	6-7	80% casca de pinheiro, 20% bolinhas de argila	Odontoglosso
2-4 semanas	18-25	14-16	5-7	70% casca de pinheiro, 20% bolinhas de argila, 10% esfagno	Falenópsis
4-5 semanas	18-28	15-20	3-5	80% casca de pinheiro, 20% bolinhas de argila	Falenópsis
4-6 semanas	15-25	12-15	8-10	60% casca de pinheiro, 30% esfagno, 10% bolinhas de argila	/
1-2 meses	20-25	12-16	8-10	60% casca de pinheiro, 20% esfagno, 20% bolinhas de argila	/
1-2 meses	18-25	14-16	5-7	80% casca fina de pinheiro, 20% bolinhas de argila (granulometria fina)	/

Orquídea	Outros nomes	Modo de vida	Tipo de crescimento	Altura em flor (cm)	Período da floração
Paphiopedilum ***	Pafiopédilo, sapatinho	Epífito	Simpodial com pseudobulbos	30-40	Outono, inverno, às vezes primavera
Phalaenopsis *	Falenópsis, orquídea borboleta	Epífito	Monopodial	30-60	Ano inteiro
Phragmipedium **	Fragmipédio	Epífito	Simpodial sem pseudobulbos	45-50	Ano inteiro
Promenaea *		Majoritariamente epífito	Simpodial com pequenos pseudobulbos	10-15	Primavera
Prosthechea *	*Prosthechea*	Epífito	Simpodial com pseudobulbos	40-45	Ano inteiro
Rossioglossum **	Orquídea palhaço	Epífito	Simpodial com pseudobulbos	30-45	Outono e inverno
Vanda ***	Vanda	Epífito	Monopodial sem pseudobulbos	80-100	Primavera e verão
Zygopetalum **	Zigopétalo	Epífito	Simpodial com pseudobulbos	30-40	Outono, inverno, às vezes primavera

Duração [d]a floração	Temperaturas mín./máx. (°C)	Temperaturas dia/noite (°C)	Diferença dia/noite (°C)	Substrato ideal	Cultivar como
6-10 semanas	Variável segundo a espécie	Variável conforme a espécie	Variável segundo a espécie	60% casca de pinheiro, 30% esfagno, 10% bolinhas de argila (granulometria pequena)	/
2 meses e mais	22-30	18-25	2-5	80% casca de pinheiro, 20% bolinhas de argila	/
6-12 semanas	18-15	15-16	7-8	60% casca de pinheiro, 30% esfagno, 10% bolinhas de argila (granulometria pequena)	/
3-4 semanas	18-25	13-16	5-10	60% casca de pinheiro, 20% esfagno, 20% bolinhas de argila	Zigopétalo
1-2 meses	18-25	12-15	5-7	80% casca de pinheiro, 20% bolinhas de argila	/
1 mês	16-25	10-15	9-10	60% casca de pinheiro, 20% esfagno, 20% bolinhas de argila	Odontoglosso
1-2 meses	20-30	18-20	2-5	/	/
4-6 semanas	16-28	13-16	5-8	60% casca de pinheiro, 20% esfagno, 20% bolinhas de argila	/

Glossário

A

Adubo: alimento para plantas aplicado às orquídeas em forma líquida (diluído na água de rega).

Axila: ponto de inserção da folha na haste ou no pseudobulbo das orquídeas.

B

Bambusiforme: forma que se parece com a do bambu.

Bráctea: folha modificada que tem a função de proteger os pseudobulbos ou as flores.

C

Cálice: conjunto de folhas modificadas que cerca o botão floral antes do desabrochamento. Essas folhas permanecem depois na base da flor.

Cochonilha: inseto parasita revestido de casca marrom e brilhante ou branca e felpuda, que vive grudado no verso das folhas ou nas hastes das orquídeas.

D

Divisão: operação que consiste em cortar uma planta em duas ou três partes para multiplicá-la.

Drenagem: ato de deixar a água excessiva escorrer do vaso.

E

Epífita: qualidade de uma planta que vive agarrada em outra (em geral árvore ou arbusto), com as raízes no ar, e não no solo, como a maioria dos vegetais.

Esfagno: espécie de musgo natural.

Estaca: fragmento usado para a reprodução de plantas (haste, folha, raiz, etc.) sem fecundação da flor e produção de sementes.

F

Fósforo: elemento nutritivo necessário para o desenvolvimento equilibrado das orquídeas.

Florão: parte de uma haste floral composta.

G

Granulometria: indicador do tamanho das partículas contidas no substrato (casca de pinheiro, bolinhas de argila expandida, etc.).

H

Haste carnuda: haste de certas orquídeas, por exemplo, dos dendróbios, que se parece com hastes de bambu.

Híbrido: descendente do cruzamento de duas plantas de diferentes variedades.

Higrometria: estudo da taxa de umidade do ar.

K

Keiki: novos rebentos com folhas.

M

Monopodial (crescimento): desenvolvimento da orquídea que se dá por uma única haste central a qual se ergue de forma vertical e se alonga de modo indefinido, produzindo nos dois lados folhas alternadamente dispostas, como no caso da falenópsis, da vanda e da ascocenda, entre outras. Quando as folhas na base da haste envelhecem, amarelam, caem e são substituídas por outras no alto de haste.

Multiplicação: reprodução de uma planta, criando vários exemplares.

N

Nó: parte bojuda da haste da qual saem as folhas.

P

Pedra britada: material obtido pelo britamento (fragmentação) de variados tipos de rocha. Pode ser encontrada em diferentes granulometrias (tamanhos).

Pseudobulbo: parte bojuda que contém as reservas, localizada na base das hastes das orquídeas.

R

Rizoma: haste subterrânea que conecta os diferentes pseudobulbos.

S

Simpodial (crescimento): desenvolvimento da orquídea na forma de rizoma, ou seja, de haste subterrânea que lança novas hastes, aumentando o volume da planta. Cada nova haste é capaz de produzir uma ou duas hastes, conforme a espécie.

Substrato: mistura de diversos elementos (casca de pinheiro, bolinhas de argila, esfagno, etc.) que constituem uma "terra" na qual as raízes das orquídeas estão inseridas.

T

Terra: matérias orgânicas finamente decompostas que servem como "terra nutriente" para cultivar plantas em vasos.

Terrestre (orquídea): orquídea que vive no solo, com as raízes na terra, como muitas outras plantas de nossos jardins.

Índice de orquídeas

Brássia (*Brassia*) 38
Espécies e variedades 38
Durante a floração 39
Acomodar 39
Tutorar 39
Após a floração 40
Podar 40
Regar 40
Adubar 42
Replantar 42
Multiplicar a brássia 46

Catleia (*Cattleya*) 47
Espécies e variedades 47
Durante a floração 49
Tutorar 49
Após a floração 49
Podar 49
Regar 50
Adubar 51
Replantar 52
Tutorar 55
Multiplicar a catleia 55

Celogine (*Coelogyne*) 56
Espécies e variedades 57
Durante a floração 57
Acomodar 57
Após a floração 58
Podar 58
Regar 58
Adubar 59
Replantar 60
Colocar ao ar livre 62
Multiplicar a celogine 64

Cimbídio (*Cymbidium*) 65
Espécies e variedades 65
Durante a floração 66
Acomodar 66
Tutorar 66
Após a floração 68
Podar 68
Regar 68
Adubar 70
Replantar 70
Acomodar 72
Multiplicar o cimbídio 73

Dendróbio (*Dendrobium nobile*) 74
Espécies e variedades 74
Durante a floração 75
Acomodar 75
Após a floração 77
Podar 77
Regar 77
Adubar 78
Tutorar 78
Replantar 79
Multiplicar o dendróbio 81

Dendróbio-falenópsis (*Dendrobium phalaenopsis*) 82
Espécies e variedades 82
Durante a floração 83
Acomodar 83
Regar 84
Após a floração 84
Podar 84
Regar 85
Adubar 85
Replantar 86
Multiplicar o dendróbio-falenópsis 90

Epidendro (*Epidendrum*) 91
Espécies e variedades 91
Durante a floração 92
Acomodar 92
Regar 92
Após a floração 93
Podar 93
Adubar 94
Replantar 94
Multiplicar o epidendro 98

Falenópsis (*Phalaenopsis*) 99
Espécies e variedades 99
Durante a floração 101
Acomodar 101
Tutorar 102
Após a floração 102
Podar 102
Regar 103
Adubar 104
Replantar 104
Multiplicar a falenópsis 106

Fragmipédio (*Phragmipedium*) 107
Espécies e variedades 107
Durante a floração 108
Acomodar 108
Podar 109
Após a floração 109
Regar 109
Adubar 110
Replantar 111
Multiplicar o fragmipédio 114

Lélia (*Laelia*) 115
Espécies e variedades 115
Durante a floração 117
Acomodar 117
Regar 117
Após a floração 118
Podar 118
Adubar 119
Replantar 119
Multiplicar a lélia 122

Licaste (*Lycaste*) 123
Espécies e variedades 123
Durante a floração 124
Acomodar 124
Após a floração 125
Podar 125
Regar 125

Adubar 126
Replantar 127
Multiplicar a licaste 129

Ludísia (*Ludisia*) 130
Espécies e variedades 130
Durante a floração 131
Acomodar 131
Regar 132
Adubar 132
Após a floração 133
Replantar 133
Multiplicar a ludísia 136

Miltônia (*Miltonia*) 137
Espécies e variedades 137
Durante a floração 139
Acomodar 139
Tutorar 140
Após a floração 141
Podar 141
Regar 141
Adubar 142
Replantar 142
Multiplicar a miltônia 144

Odontoglosso (*Odontoglossum*) 145
Espécies e variedades 145
Durante a floração 146
Acomodar 146
Após a floração 147
Acomodar 147
Podar 147
Regar 148
Adubar 148
Replantar 149
Multiplicar o odontoglosso 153

Oncídio (*Oncidium*) 154
Espécies e variedades 154
Durante a floração 155
Acomodar 155
Após a floração 156
Podar 156
Regar 156
Adubar 159
Replantar 159
Multiplicar o oncídio 162

Pafiopédilo (*Paphiopedilum*) 163
Espécies e variedades 163
Durante a floração 164
Acomodar 164
Tutorar 164
Após a floração 165
Podar 165
Regar 166
Adubar 166
Replantar 167
Multiplicar o pafiopédilo 170

***Prosthechea* 171**
Espécies e variedades 171
Durante a floração 173
Acomodar 173
Regar 174
Após a floração 175
Podar 175
Regar 175
Adubar 176
Replantar 176
Multiplicar a *Prosthechea* 179

Vanda e híbridos 180
Espécies e variedades 180
Durante a floração 181
Acomodar 181
Após a floração 182
Podar 182
Regar 183
Adubar 185
Tutorar 185
Multiplicar a vanda 186

Zigopétalo (*Zygopetalum*) 187
Espécies e variedades 187
Durante a floração 188
Acomodar 188
Regar 188
Após a floração 190
Podar 190
Regar 190
Adubar 190
Replantar 191
Multiplicar o zigopétalo 193

Índice geral

Ácaro 27-29, 126
Angreco (*Angraecum*) 194
Anguloa 194
Ansellia 194
Areia 31, 73, 90, 94
Ascocenda 12, 14, 22, 180, 194
Ascocentro (*Ascocentrum*) 180, 194

Berço de Vênus 194
Bifrenaria 194
Bolinhas de argila 21-22, 43, 53, 61, 79, 87, 94, 101, 105, 113, 120, 127, 131, 134, 143, 150, 160, 164, 169, 177, 192
Bollea 194
Brássia 12, 14, 38-46, 194
  verrucosa 38
Bulbófilo (*Bulbophyllum*) 194

Casca de pinheiro 22, 43, 53, 61, 71, 79, 87, 94, 105, 113, 120, 127, 134, 143, 150, 160, 169, 177, 192
Catleia(s) (*Cattleya*) 12, 14, 24, 28, 30, 47-55, 198
  bifoliadas 47
  monofoliadas 47
Chuva de ouro 154-155, 200
Cimbídio (*Cymbidium*) 12, 17, 31, 65-73, 196
Cochonilha 27-28, 51
Celogine 12, 56-64, 196
  burfordiense 57
  cristata 57
  fimbriata 57
  massangeana 57
  mooreana 57
  ovalis 57
  pandurata 57
  speciosa 57
  virescens 57
Chysis 196
Cochleanthes 196

Decomposição 12-13, 79
Dendróbio (*Dendrobium nobile*) 12, 14, 24, 30, 32,74-81, 196
Dendróbio de capuz 74, 196
Dendróbio-falenópsis (*Dendrobium phalaenopsis*) 12, 82-90
Dendróquilo (*Dendrochilum*) 198
Denfale 82, 198

Epidendro (*Epidendrum*) 12, 30, 32, 33, 91-98, 198
  difforme 91
  ibaguense 91
  latifolium 91
  pseudepidendrum 91
  radicans 91
Esfagno 22, 34, 43, 53, 61, 105, 113, 120, 127, 134, 143, 150, 169, 181, 192
Espuma de poliuretano 71
Estrela da república 198
Estrela de Madagáscar 194

Falenópsis (*Phalaenopsis*) 11, 12, 14, 19, 22-25, 30, 34, 99-106, 202
Flor de couro 198
Fósforo 25, 42
Fragmipédio (*Phragmipedium*) 4, 107-114

***H**untleya* 198

***K**eiki* 30, 34, 78, 81, 106, 186

Lélia (*Laelia*) 115-122, 198
  harpophylla 115
  purpurata 115
  tenebrosa 115
Leliocatleia (*Laeliocattleya*) 115
Lesma 29, 55, 72, 126, 132
Licaste (*Lycaste*) 123-129, 200
  aromatica 123
  ciliata 123
  cochleata 123
  cruenta 123
Ludísia (*Ludisia*) 13, 30, 32, 130-136, 198
  discolor 130

Masdevália (*Masdevallia*) 200
Maxilária (*Maxillaria*) 200
Mendoncella (*Galeottia*) 200
Miltônia (*Miltonia*) 12, 20, 137-144, 200
Miltoniopsis 137

Odontoglosso (*Odontoglossum*) 11, 14, 16, 17, 30, 145-153, 200
Oncídio (*Oncidium*) 11, 14, 30, 154-162, 200
Orquídea 9, 11-34
  amor-perfeito 137
  anjo 56
  aranha 38
  azul 194
  branca 56
  branca de neve 56
  borboleta 99
  cadeia 198
  colar 198
  cometa 194
  crucifixo 91
  estrela 91
  joia 130
  leopardo 194
  olho de boneca 74
  palhaço 202
  tigre 145
  tulipa 194

Pafiopédilo (*Paphiopedilum*) 11, 13, 14, 17, 20, 23-24, 163-170, 202
  complexo 163
  malhado 163
  multifloral 163
Phragmipedium besseae 107
Potássio 25, 42, 126
Promenaea 202
Prosthechea 171-179, 202
  cochleata 171

***R**ossioglossum 202*

Sapatinho 163

Terra 22

Vanda (e híbridos) 12, 14, 22, 180-186, 202

Zigopétalo (*Zygopetalum*) 17, 19, 187-193, 202